Mathematik heute 7

Diagnose und Fördern

Berlin/Brandenburg

Herausgegeben von

Rudolf vom Hofe, Bernhard Humpert

Heinz Griesel, Helmut Postel

Schroedel
westermann

Zum Arbeiten mit dem Diagnose- und Fördermaterial

Die hier zusammengestellten Materialien zur Diagnose und Förderung ergänzen die Lerneinheiten des Lehrwerks *Mathematik heute*. Ihre Gliederung entspricht exakt der Strukturierung der Inhalte des Schülerbandes und die konkreten Übungshinweise mit Angaben der Seitenzahlen und Nummern beziehen sich auf das darin befindliche Aufgabenmaterial.

Das Ziel der Materialien ist die individuelle Diagnose und Förderung aller Schülerinnen und Schüler (SuS) im regulären Mathematikunterricht. Hierbei setzen wir ganz besonders auf die Entwicklung der Selbsttätigkeit und Eigenverantwortung der Schülerinnen und Schüler, begleitet durch gezielte Diagnose- und Fördermaßnahmen von Seiten der Lehrkraft.

Wie kann man im regulären Unterricht Zeit für Diagnose und Förderung finden?

Um Zeit für Übungsphasen mit gezielter Diagnose und Förderung zu gewinnen, empfiehlt es sich, in der davor liegenden Erarbeitungsphase so zügig zu arbeiten, dass einige Stunden (2 bis 4 Std.) Zeit zum selbstständigen Üben als Abschluss einer Unterrichtseinheit eingeplant werden können. Dabei können manche noch bestehende Unklarheiten häufig sogar besser behoben werden als im erarbeitenden Klassenunterricht, denn die Lehrkraft findet in dieser Phase Zeit und Möglichkeit, gezielt auf die individuellen Belange der Schülerinnen und Schüler einzugehen.

Wie sind die Diagnose- und Fördermaterialien aufgebaut und wie können sie eingesetzt werden?

Die Materialien bestehen aus drei Formaten: *Selbstdiagnosebögen*, *Partnerdiagnosebögen* und *Tests mit Analysebögen* als Vorschläge für Leistungsüberprüfungen und gezielte Rückmeldung an Schülerinnen und Schüler und deren Eltern. Diese Materialien bilden in der genannten Reihenfolge jeweils einen thematischen Förderzyklus (siehe Abbildung). Insgesamt wird damit ein gezielter Wissens- und Kompetenzaufbau gewährleistet, der individuelle Unterschiede und Defizite frühzeitig aufdeckt und gezielte individuelle Fördermaßnahmen ermöglicht.

Alle Materialien werden in *BiBox – Digitale Lehrermaterialien 7* (Best.-Nr. 81266/81288) im Word-Format zur Verfügung gestellt, so dass sie elektronisch verarbeitet und gegebenenfalls verändert werden können. Somit ist eine Anpassung an spezielle Schulprofile oder an individuelle Bedingungen des Unterrichts jederzeit möglich.

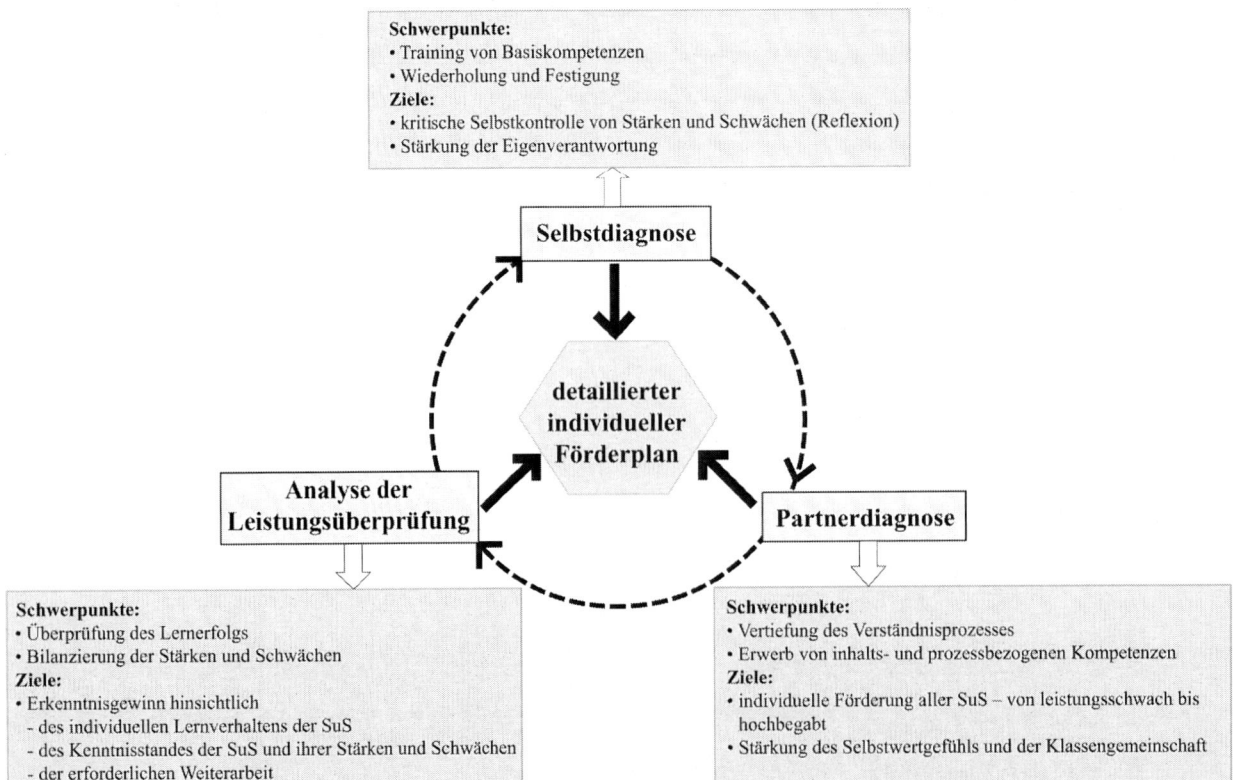

(1) Was ich schon alles kann (Selbstdiagnosebogen)

Ein Diagnose- und Förderzyklus startet mit dem Selbstdiagnosebogen. Dieser soll eingesetzt werden, nachdem ein inhaltlicher Abschnitt im Unterricht so weit behandelt wurde, dass sich eine Übungsphase zum Stabilisieren und Vertiefen inhalts- und prozessbezogener Kompetenzen anschließen kann. Der Selbstdiagnosebogen soll zu Beginn einer solchen Übungs- und Vertiefungsphase eingesetzt werden. Er bezieht sich auf Basiskompetenzen des entsprechenden Kapitels und gibt zum einen Aufschluss über mögliche Defizite, zum anderen gezielte Hinweise auf Übungsmaterial, das sich auf die festgestellten Defizite bezieht. Auf eine Anordnung der Behauptungen von *leicht* zu *schwierig* wurde bewusst verzichtet, um bei leistungsschwächeren Schülerinnen und Schülern einen Ausstieg ab der vierten oder fünften Behauptung zu vermeiden.
Die Erfahrung zeigt, dass bei den meisten Schülerinnen und Schülern die Selbsteinschätzungen nach anfänglichen Unsicherheiten immer mehr den tatsächlichen Stärken und Schwächen entsprechen und zu einer wertvollen Leitlinie für eigenständiges Arbeiten werden.

(2) Was wir im Team können (Partnerdiagnosebogen mit Lösungen)

Der Partnerbogen bewirkt eine Vertiefung des Verständnisprozesses
- durch die methodische Vorgehensweise während der Beschäftigung mit dem Bogen und

- durch kompetenzorientierte Aufgabenstellungen in Form von richtigen oder falschen Behauptungen.

Die Arbeit mit dem Partnerdiagnosebogen fördert sowohl inhalts- als auch prozessbezogene Kompetenzen. Die Partnerbögen sollten *zunächst allein* (als Hausaufgabe; Hilfe von Eltern, Geschwistern etc. ist erlaubt) bearbeitet werden. Es empfiehlt sich, die Bögen über das Wochenende mitzugeben, da die Bearbeitung mehr Zeit in Anspruch nimmt als eine übliche Hausaufgabe.
In der folgenden Schulstunde werden zur weiteren Bearbeitung *Zweiergruppen* gebildet. Aufgabe der Tandems ist es, ihre Lösungen gemeinsam durchzusprechen und zu ergänzen. Hierbei sollen Fehler korrigiert werden. Aus diagnostischer Sicht empfiehlt es sich, die Korrekturen *mit einem andersfarbigen Stift* vornehmen zu lassen, so dass der ursprüngliche Lösungsansatz nach wie vor sichtbar ist. Im Verlauf dieser Stunde können auch weitere Mitschülerinnen und Mitschüler befragt werden, wenn man sich mit seinem Partner oder seiner Partnerin nicht einigen kann. Für Tandems, die sehr schnell fertig sind, empfiehlt es sich, Zusatzmaterial zur Verfügung zu haben, z. B. aus dem Band *Kommentare und Kopiervorlagen 7* (Best.-Nr. 81264).
Am Ende der Stunde werden die Bögen paarweise eingesammelt. Sie sollten noch am selben Tag von der Lehrkraft durchgesehen, aber *nicht korrigiert* werden. Als praktikabel und wenig aufwendig hat sich das Abhaken oder das Kennzeichnen a) der gesetzten Kreuze und b) der Begründungen als richtig bzw. falsch erwiesen. Zusätzlich können hinter fehlerhaften oder unvollständigen Lösungen Hinweise bzw. Tipps für eine verbesserte Lösung gegeben oder ein Tandem genannt werden, welches die Aufgabe richtig gelöst hatte.
In der Folgestunde erhalten die Schülerinnen und Schüler ihre Bögen zurück. Es folgt eine zweite Bearbeitungsphase, in der die Tandems sich untereinander austauschen. Die wechselnden Gruppierungen diskutieren ihre unterschiedlichen Lösungen bzw. Lösungswege. Optimal ist es, wenn jedes Tandem mal helfend und mal ratsuchend unterwegs ist. So werden Selbstwertgefühl, aber auch soziale Kompetenzen geschult und das Gruppenklima auf Dauer erheblich verbessert. Sofern Aufgaben von der gesamten Lerngruppe unzureichend gelöst wurden, folgt die gemeinsame Besprechung im Klassenverband. Der Einsatz des SuS-gerechten Lösungsbogens kann diese Besprechung ergänzen, gegebenenfalls auch mal ersetzen.

(3) Test mit Lösungen, Deine Stärken und Schwächen – Dein Förderplan (Analysebogen)

Um den Schülerinnen und Schülern nach der Leistungsüberprüfung eine Rückmeldung über ihre Stärken und Schwächen zu geben, werden die Tests mit einem Analysebogen ergänzt. Dieser lässt sich während der Korrektur über *Ankreuzen* schnell ausfüllen. Er bietet den Schülerinnen und Schülern sowie deren Eltern einen Überblick über die Aufgabenbereiche, die nachgearbeitet werden sollten, zeigt gleichzeitig aber auch, wo die Stärken des Kindes liegen. Wenn Sie nach der Rückgabe einer Leistungsüberprüfung den Selbst- und den Partnerdiagnosebogen mit den Aufgaben des Tests vergleichen lassen, stellen die Schülerinnen und Schüler schnell fest, dass sie durch eine gründliche Bearbeitung der Bögen bessere Leistungen erzielen können.

Wir wünschen Ihnen mit diesem System ein erfolgreiches und entspanntes Arbeiten.
Ihr Team von *Mathematik heute*

© 2016 Schroedel, Braunschweig 978-3-507-81263-5

Was ich schon alles kann

Name: _____

Rationale Zahlen (Schülerband Seite 14 bis 69)

Kreuze bei den nachfolgenden Aufgaben an, wie sicher du dich fühlst. In der Spalte *Das kannst du üben* findest du Aufgaben zum Wiederholen.

Wie sicher fühlst du dich?	☺☺	☺	☺	☹	Das kannst du üben	geübt
1. Ich kann Beispiele für die Verwendung von negativen Zahlen angeben.					S. 16 Einstieg und Aufgabe 1; S. 18 Ü 2, 3 und 6; S. 37 Ü 1 und 2	
2. Ich kann rationale Zahlen (1) von einer Zahlengeraden ablesen; (2) in eine Zahlengerade eintragen.					S. 17 Information; S. 18 Ü 4 und 7; S. 19 Ü 8 und 9	
3. Ich kann rationale Zahlen der Größe nach ordnen. $(-1\frac{1}{2})$; 0; 14,8; (-19); 2; 17,4; $(-2\frac{3}{4})$; $(+2\frac{3}{20})$; $(-10,1)$; $\frac{3}{8}$					S. 22 Information; S. 23 Ü 5 und 7; S. 37 Ü 4	
4. Ich kann Punkte in einem Koordinatensystem eintragen und ablesen. A $(-2\vert5)$; B $(3\vert-2,5)$; C $(-1\vert-3)$					S. 25 Information und Ü 2, 3 und 5; S. 26 Ü 8 und 9; S. 37 Ü 7	
5. Ich kann rationale Zahlen addieren und subtrahieren. (1) $(-9) + (+4) =$ (4) $(+9) - (+7) =$ (2) $(-6,6) + (-5,2) =$ (5) $(-6) - (-5) =$ (3) $(+5) + (-3) =$ (6) $(+9) - (-7) =$					S. 30 Information; S. 31 Ü 2, 5, 6, 7 und 8; S. 34 Ü 1 und 5; S. 37 Ü 8, 9 und 10; S. 51 Ü 11	
6. Ich kann rationale Zahlen multiplizieren und dividieren. (1) $(+4) \cdot (-4) =$ (5) $(-12) : (+3) =$ (2) $(-3) \cdot (+5) =$ (6) $(+12) : (+3) =$ (3) $(-5) \cdot (-7) =$ (7) $(+12) : (-3) =$ (4) $(+9) \cdot (+8) =$ (8) $(-12) : (-3) =$					S. 43 und 47 Information; S. 43 Ü 3, 4, 5, 6 und 7; S. 44 Ü 8, 11, 12 und 13; S. 47 Ü 2; S. 48 Ü 8, 9, 12 und 13; S. 65 Ü 1, 2 und 3;	
7. Ich kann die Vorrangregeln für das Berechnen von Termen anwenden. $[(-5) + (+7)] \cdot (-2) + (+4) =$					S. 53 Information und Ü 2 und 6; S. 65 Ü 6	
8. Ich kann zu einer Rechenanweisung einen Term aufstellen. Multipliziere die Summe aus (-6) und 4 mit der Differenz aus 8 und 2.					S. 53 Ü 4; S. 54 Ü 10; S. 55 Ü 4; S. 63 Ü 10; S. 65 Ü 7	
9. Ich kann Rechengesetze vorteilhaft anwenden. (1) $-73 + 64 + (-27) =$ (2) $63 \cdot (-17) + 37 \cdot (-17) =$					S. 57 und 59 Information; S. 57 Ü 5 und 6; S. 59 Ü 6; S. 65 Ü 8	

Was wir im Team können

Name: _____   Partner/-in: _____

Bearbeite den Bogen zuerst allein (Hausaufgabe), dann zusammen mit deinem Lernpartner oder deiner Lernpartnerin.
Vergleicht eure Rechenwege und entwickelt eine gemeinsame Lösung und Begründung.
Kreuze bei jeder Behauptung an, ob du sie für richtig oder falsch hältst. Begründe.

Behauptung	richtig	falsch	Begründung (Du kannst deine Begründungen auch auf ein extra Blatt schreiben.)
1. Wenn ich die Punkte A (−3|2), B (−3|−1), C (4|−1) und D (4|2) in ein Koordinatensystem eintrage, ergibt sich ein Rechteck.			
2. Wenn man von einer positiven Zahl eine negative Zahl subtrahiert, dann ist das Ergebnis in jedem Fall positiv.			
3. Wenn man zu einer negativen Zahl eine Zahl addiert, dann ist das Ergebnis in jedem Fall negativ.			
4. Wenn Max mit dem Fahrstuhl aus dem Parkdeck im 4. Untergeschoss in das 21. Stockwerk fährt, dann fährt er an insgesamt 17 Stockwerken vorbei.			
5. Wenn ich eine negative Zahl mit einer negativen Zahl multipliziere und eine positive Zahl addiere, dann wird das Ergebnis positiv.			
6. Wenn ich bei der nachfolgenden Rechnung an den richtigen Stellen 2 Klammern setze, dann stimmt das Ergebnis. $(-4) \cdot (-7) + 6 - (-5) \cdot 3 = 61$			
7. Wenn ich die Summe aus −17,6 und 9,5 mit −3 multipliziere, dann erhalte ich das 9-Fache von 2,7.			
8. (−7) ist größer als (−4), weil (−7) weiter von 0 entfernt ist als (−4).			

Lösungen zu Seite 5 – Was wir im Team können

	richtig	falsch	Begründung
1.	x		Wie man sehen kann, ergeben die vier Punkte das Rechteck ABCD.
2.	x		Eine negative Zahl subtrahieren bedeutet, die positive Gegenzahl addieren. Da die erste Zahl positiv ist, wird das Ergebnis positiv. *Beispiel:* $5 - (-8) = 5 + 8 = 13$
3.		x	*Beispiel:* $-19 + 20 = 1$ Ist die positive Zahl größer als der Betrag der negativen Zahl, dann wird das Ergebnis positiv. Ist der Betrag der negativen Zahl größer als die positive Zahl, dann wird das Ergebnis negativ. *Beispiel:* $-20 + 15 = -5$
4.		x	Max befindet sich anfänglich im 4. Untergeschoss; das sind 4 Stockwerke unter dem Erdgeschoss (unter 0). Wenn er bis in das 21. Obergeschoss fährt, legt er 3 Stockwerke bis zum Erdgeschoss und weitere 21 Stockwerke oberhalb des Erdgeschosses zurück. Er fährt dann an insgesamt 24 Stockwerken vorbei.
5.	x		Multipliziert man eine negative Zahl mit einer negativen Zahl, so wird das Ergebnis positiv. *Beispiel:* $(-3) \cdot (-3) = +9$ Addiere ich nun zu diesem Ergebnis eine weitere positive Zahl, so bleibt das Ergebnis positiv. *Beispiel:* $(+9) + (+7) = +16$
6.	x		$(-4) \cdot (-7) + [6 - (-5)] \cdot 3 = 61$ $28 \quad + \quad 11 \quad\quad \cdot 3 = 61$ $28 + 33 = 61$
7.	x		Schreibe die Terme dazu auf und berechne sie: $(-17{,}6 + 9{,}5) \cdot (-3) = (-8{,}1) \cdot (-3) = +24{,}3$ und $9 \cdot 2{,}7 = 24{,}3$ Beide Terme liefern denselben Wert 24,3.
8.		x	Betrachte die Lage der Zahl -7 und der Zahl -4 auf der Zahlengeraden, die kleinere Zahl liegt links. Am Thermometer lässt sich dies ebenfalls erschließen. Die Temperatur $-7°C$ ist niedriger als die Temperatur $-4°C$.

Test   Name: _____

1. a) Trage die nachfolgenden Zahlen in die Zahlengerade ein.

$-5;\ 5,1;\ -8,2;\ -0,9;\ -1\frac{1}{2}\ ;\ 3,1$

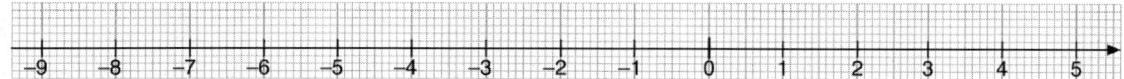

   b) Welche beiden Zahlen aus Teilaufgabe a) haben den Abstand 3,5?

   c) Welche negative Zahl hat von 3,1 einen Abstand von 4?

   d) Welche Zahl liegt genau in der Mitte zwischen −5 und −8,2?   (9)

2. Berechne.

   a) $(-9) + (+7)$ **c)** $(+12) - (+7)$ **e)** $2,7 + (-4,1)$

   b) $(-8) + (-9)$ **d)** $(-3) - (-8)$ **f)** $-\frac{1}{2} - \frac{3}{4}$ (6)

3. Sarah findet die Temperaturunterschiede im Frühjahr immer sehr heftig. „Heute Morgen gegen 6 Uhr waren es noch −4 °C", berichtet sie. „Am Vormittag stieg dann die Temperatur durch die Sonneneinstrahlung um 15 Grad. Doch kaum schoben sich Wolken vor die Sonne, kühlte es sich erneut um 9 Grad ab. Und jetzt haben wir schon wieder Frost", schimpft sie.

   Was meinst du? Notiere die Aufgabe und begründe.   (3)

4. Berechne.

   a) $(-9) \cdot (+11)$ **c)** $12 \cdot (-6)$ **e)** $(-60) : 5$

   b) $(-8) \cdot (-13)$ **d)** $(-4) \cdot (+19)$ **f)** $-93 : (-3)$ (6)

5. Berechne.

   a) $(-0,5) \cdot (-8)$ **c)** $\frac{5}{9} \cdot (-\frac{3}{4})$ **e)** $(-0,75 + 1,5) : (-0,25)$

   b) $8,4 : (-3)$ **d)** $-\frac{3}{4} : \frac{1}{8}$ **f)** $(\frac{4}{5} - \frac{5}{6}) : (\frac{2}{5} + \frac{5}{6})$ (6)

6. a) Trage die Punkte A (−4|−1), B (0|−1) und C (−2|5) in ein Koordinatensystem ein und verbinde sie.

   b) Spiegele das Dreieck an der y-Achse.

   c) Gib die Koordinaten der gespiegelten Figur an.   (9)

7.

(6)

____

(45)

Lösungen zu Seite 7 – Test

1. a)

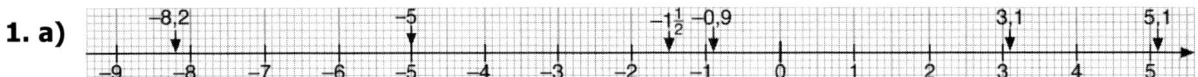

b) Der Abstand zwischen −5 und −1$\frac{1}{2}$ beträgt 3,5.

c) Die Zahl −0,9 hat von 3,1 einen Abstand von 4.

d) Die Zahl −6,6 liegt genau in der Mitte zwischen −5 und −8,2.

2. a) −2   **b)** −17   **c)** +5   **d)** +5   **e)** −1,4   **f)** −1$\frac{1}{4}$

3. −4 °C $\xrightarrow{\text{+ 15 Grad}}$ +11 °C $\xrightarrow{\text{− 9 Grad}}$ +2 °C

Sarah hat sich geirrt. Bei +2 °C gibt es noch keinen Frost.

4. a) −99   **b)** +104   **c)** −72   **d)** −76   **e)** −12   **f)** +31

5. a) +4   **b)** −2,8   **c)** −$\frac{5}{12}$ **d)** −6   **e)** −3   **f)** −$\frac{1}{37}$

6. a)/b)

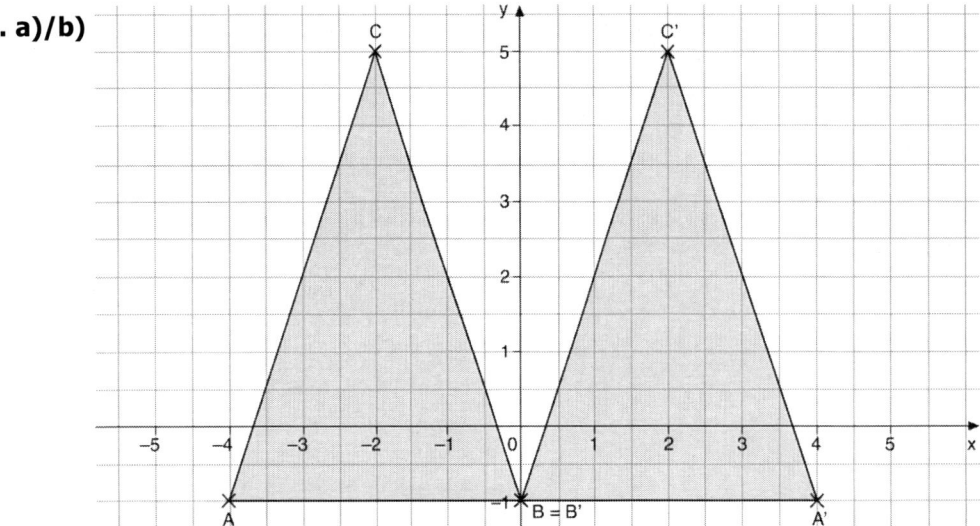

c) Die Punkte heißen A' (4|−1); B' (0|−1) und C' (2|5).

7. −7 → −10 → −50 → −26 → −13 → −169

     8

Deine Stärken und Schwächen – Dein Förderplan   Name: _____

Anforderungen	gut	zum Teil	kaum	nicht	Bemerkungen
1. a) Rationale Zahlen an einer Zahlengeraden darstellen, kannst du …					
b)/c) Den Abstand zwischen zwei rationalen Zahlen bestimmen, kannst du …					
d) Die Zahl in der Mitte zwischen zwei rationalen Zahlen bestimmen, kannst du …					
2. a)-d) Ganze Zahlen addieren und subtrahieren, kannst du …					
e)/f) Rationale Zahlen addieren und subtrahieren, kannst du …					
3. Eine Aufgabe zu einer Sachsituation notieren und lösen, kannst du …					
Deine Lösung begründen, kannst du …					
4. Ganze Zahlen multiplizieren und dividieren, kannst du …					
5. a)-d) Rationale Zahlen multiplizieren und dividieren, kannst du …					
e)/f) Terme mit rationalen Zahlen unter Beachtung der Vorrangregeln berechnen, kannst du …					
6. a) Eine Figur in ein Koordinatensystem eintragen, kannst du …					
b) Eine Figur spiegeln, kannst du …					
c) Koordinaten ablesen, kannst du …					
7. Eine Kettenaufgabe mit rationalen Zahlen und allen vier Grundrechenarten lösen, kannst du …					

Liebe/r _____,

_____

_____

_____

Ich habe den Förderplan zur Kenntnis genommen.

_____, den _____   _____

Unterschrift eines Erziehungsberechtigten

☐ Ich möchte gern Rücksprache nehmen und bitte um einen Termin.

Name: _____

Was ich schon alles kann (1)

Kreuze bei den nachfolgenden Aufgaben an, wie sicher du dich fühlst. In der Spalte *Das kannst du üben* findest du Aufgaben zum Wiederholen.

Wie sicher fühlst du dich?	☺☺	☺	:|	☹	Das kannst du üben	geübt
1. Ich kann aus Graphen Werte und Informationen ablesen.					S. 72 Aufgabe 1; S. 73 Ü 4; S. 74 Ü 5 und 7; S. 94 Ü 2; S. 95 Ü 7 und 9	
2. Ich kann Zuordnungstabellen anlegen und vervollständigen. *Anzahl der Brötchen → Preis (in €)* Anzahl: 1, 2, 3, 5, 10, 25 — Preis: 0,32 €					S. 73 Ü 3a); S. 74 Ü 6a)	
3. Ich kann zu der Tabelle in Aufgabe 2 einen Graphen zeichnen.					S. 73 Information und Ü 2 und 3; S. 74 Ü 6; S. 76 Ü 2a)	
4. Ich kann erklären, welche Regeln bei einer direkt proportionalen Zuordnung gelten.					S. 76 Information; S. 79 Information	
5. Drei Grapefruits kosten 2,67 €. (1) Ich kann berechnen, wie viel ich für sieben Stück bezahlen muss. (2) Ich kann berechnen, wie viele Grapefruits ich für 4,45 € bekomme.					S. 76 Information und Ü 2b); S. 77 Ü 4 und 6b); S. 94 Ü 6; S. 97 Ü 2	
6. Ich kann mithilfe der Quotientengleichheit eine direkt proportionale Zuordnung erkennen, den Proportionalitätsfaktor angeben und interpretieren. (1) Kerzendurchmesser / Brenndauer: 3 cm / 4 h; 4 cm / 6 h; 5 cm / 9 h (2) Masse / Preis: 2,5 kg / 3,25 €; 6 kg / 7,80 €; 8,5 kg / 11,05 €					S. 79 Information und Ü 2; S. 80 Ü 6, 8 und 9; S. 97 Ü 1 und 3	
7. Ich kann den Maßstab als direkt proportionale Zuordnung nutzen.					S. 81 Information; S. 82 Ü 2, 4, 5 und 6	

Was ich schon alles kann (2)

Name: _____

Kreuze bei den nachfolgenden Aufgaben an, wie sicher du dich fühlst. In der Spalte *Das kannst du üben* findest du Aufgaben zum Wiederholen.

Wie sicher fühlst du dich?	☺☺	☺	☹	☹☹	Das kannst du üben	geübt
1. Ich kann erklären, welche Regeln bei einer indirekt proportionalen Zuordnung gelten.					S. 84 und 85 Information; S. 91 Information	
2. Drei Bagger benötigen für den Aushub einer großen Baugrube 20 Wochen. (1) Ich kann berechnen, wie lange fünf Bagger für diese Arbeit brauchen. (2) Ich kann berechnen, wie viele Bagger eingesetzt werden müssen, wenn der Aushub nach 15 Wochen fertig sein soll.					S. 84 Ü 2; S. 88 Information und Ü 2, 3 und 5; S. 89 Ü 6, 7 und 8; S. 97 Ü 5	
3. Ich kann mithilfe der Produktgleichheit eine indirekt proportionale Zuordnung erkennen, die Gesamtgröße angeben und interpretieren.					S. 91 Information und Ü 4 und 5; S. 92 Ü 7, 8 und 9; S. 97 Ü 1 und 4	
4. Ich weiß, dass es Aufgaben gibt, die sich weder mit einer direkt noch mit einer indirekt proportionalen Zuordnung lösen lassen.					S. 73 Ü 3d); S. 74 Ü 6d); S. 84 Ü 4; S. 85 Ü 7	
5. Ich kann Angebote mithilfe meiner Kenntnisse über Zuordnungen vergleichen.					S. 78 Aufgabe 1a); S. 94 Ü 2	

(1)

Geschwindigkeit (in $\frac{km}{h}$)	Fahrzeit (in h)
40	7
70	4
100	2,8

(2)

Anzahl der Besucher	Kosten (in €)
2	11,00
5	19,25
6	30,25

Motoröl 5ℓ 14,90 €

Motoröl 2ℓ 6,10 €

Name: _____   Partner/-in: _____

Was wir im Team können

Bearbeite den Bogen zuerst allein (Hausaufgabe), dann zusammen mit deinem Lernpartner oder deiner Lernpartnerin.
Vergleicht eure Rechenwege und entwickelt eine gemeinsame Lösung und Begründung.
Kreuze bei jeder Behauptung an, ob du sie für richtig oder falsch hältst. Begründe.

Behauptung	richtig	falsch	Begründung (Du kannst deine Begründungen auch auf ein extra Blatt schreiben.)
1. Der Graph beschreibt für eine Wanderung der Familie Brühl die Zuordnung *Uhrzeit → Länge des zurückgelegten Wegs (in km)*. Herr Brühl behauptet: „Wir sind heute durchschnittlich 3 km pro Stunde gewandert."			
2. Wenn 2 kg Äpfel 1,96 € kosten, dann muss man für 11 kg Äpfel 10,78 € bezahlen.			
3. Wenn das Pony Wolly 160 kg wiegt und das Pony Tilly 320 kg, dann ist das Stockmaß von Tilly doppelt so groß wie das von Wolly.			
4. Die in der Tabelle dargestellte Zuordnung ist indirekt proportional.			

Graph (Behauptung 1): Achse km mit Werten 5, 10, 15, 20; Zeitachse 8⁰⁰, 10⁰⁰, 12⁰⁰, 14⁰⁰, 16⁰⁰ Uhr.

Pony-Abbildung (Behauptung 3) mit Beschriftung: Stockmaß

Tabelle (Behauptung 4):

Anzahl der Teilnehmer/-innen	Kosten pro Teilnehmer/-in
12	28 €
30	11,20 €
45	8,40 €

Lösungen zu Seite 12 – Was wir im Team können

	richtig	falsch	Begründung
1.	x		Dem Graphen entnehmen wir: – Der Wandertag der Familie Brühl dauert von 8.00 bis 16.00 Uhr. Das sind insgesamt 8 Stunden. – In dieser Zeit wandern sie 24 km. Also beträgt die Durchschnittsgeschwindigkeit 24 km : 8 h = $3\ \frac{km}{h}$
2.	x		Wir setzen voraus, dass die Zuordnung direkt proportional ist. Masse (in kg) / Preis (in €): 2 → 1,96; 1 → 0,98; 11 → 10,78 (·2, :2, ·11, :11) ☺ Es könnte natürlich sein, dass man beim Gemüsehändler um die Ecke oder auf dem Markt bei einer so großen Menge einen Nachlass bekommt. Falls der Händler einen Nachlass gewährt, liegt allerdings keine direkt proportionale Zuordnung mehr vor.
3.		x	Zwischen dem Gewicht und dem Stockmaß eines Pferdes besteht kein direkt proportionaler Zusammenhang. Konkret bedeutet das, dass Tilly, obwohl sie doppelt so schwer ist, sogar kleiner sein könnte als Wolly. ☺ Es könnte schlichtweg sein, dass Tilly einfach ein total moppeliges, verfressenes Pony ist. Und Wolly lebt vielleicht überwiegend draußen, rennt den ganzen Tag herum, und ist daher spindeldürr.
4.		x	Zur Überprüfung bilden wir die Produkte: 12 · 28 € = 336 € 30 · 11,20 € = 336 € 45 · 8,40 € = 378 € Da keine Produktgleichheit vorliegt, ist die Zuordnung nicht indirekt proportional.

© 2016 Schroedel, Braunschweig 978-3-507-81263-5

Test (1)   Name: _____

1. Die Klasse 7a verkauft auf dem Schulfest Waffeln. Sie möchte 200 Waffeln backen. Für 16 Waffeln benötigt man die angegebenen Mengen an Zutaten:

Für 16 Waffeln	Für _____ Waffeln	Für 200 Waffeln
120 g Margarine		
200 g Zucker		
2 Eier		
1 Päckchen Vanillinzucker		
500 mℓ Wasser		
500 g Mehl		
1 Päckchen Backpulver		

a) Überlege dir einen geeigneten Zwischenschritt für die mittlere Spalte und berechne die Mengen an Zutaten.

b) Berechne die notwendigen Mengen für 200 Waffeln.   (8)

2. Die Klasse 7b will auf dem Schulfest Grillwürstchen verkaufen. Mike besorgt 50 Brötchen für 12,50 € und 50 Grillwürstchen für 47,50 €. Ketchup und Senf kosten 8,50 €.

a) Bestimme den Preis für ein Würstchen mit Brötchen und Ketchup oder Senf. Die Klassenkasse soll keinen Verlust machen. Runde sinnvoll. Begründe deine Rundung.

b) Stelle eine Preistabelle auf, aus der man ablesen kann, wie viel man bei 1, 2, 3, 4 oder 5 Würstchen bezahlen muss.   (8)

3. Ein Autoteilezulieferbetrieb hat einen neuen Auftrag erhalten. Es wird berechnet, dass man mit den 18 vorhandenen Maschinen dafür 100 Tage benötigen würde.
Berechne, wie lange der Betrieb für den Auftrag benötigen würde, wenn man zusätzlich noch zwei Maschinen kaufen würde.   (4)

4. Für Pias Geburtstagsfeier leihen ihre Eltern eine Softeismaschine.
Die Eltern haben die Wahl zwischen zwei Angeboten:

Angebot A			**Angebot B**	
Grundgebühr	30,00 €		Grundgebühr	10,00 €
Preis pro Portion Eis	0,50 €		Preis pro Portion Eis	1,00 €

a) Zeichne die Graphen für die beiden Zuordnungen in dein Heft.

b) Wie viel kosten 30 Portionen Eis bei Angebot A und wie viel bei Angebot B?

c) Wie viele Portionen Eis müssen gegessen werden, damit die Kosten bei den Angeboten gleich hoch sind?

d) Pia erwartet insgesamt etwa 50 Gäste, davon 30 Kinder. Für welches Angebot sollten sich Pias Eltern entscheiden? Begründe ausführlich.   (10)

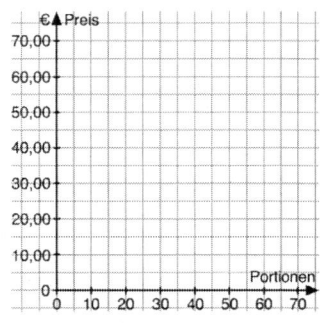

_____

(30)

Lösungen zu Seite 14 – Test (1)

1. Beispiel-Lösungen **a)** **b)**

Für 16 Waffeln	Für 8 Waffeln	Für 4 Waffeln	Für 200 Waffeln (· 25 / · 50)
120 g Margarine	60 g	30 g	1 500 g / 1,5 kg / $1\frac{1}{2}$ kg
200 g Zucker	100 g	50 g	2 500 g / 2,5 kg / $2\frac{1}{2}$ kg
2 Eier	1 Ei	$\frac{1}{2}$ Ei	25 Eier
1 Päckchen Vanillinzucker	$\frac{1}{2}$ Pck.	$\frac{1}{4}$ Pck.	12,5 Pck. / $12\frac{1}{2}$ Pck.
500 ml Wasser	250 ml	125 ml	6 250 ml / 6,25 l / $6\frac{1}{4}$ l
500 g Mehl	250 g	125 g	6 250 g / 6,25 kg / $6\frac{1}{4}$ kg
1 Päckchen Backpulver	$\frac{1}{2}$ Pck.	$\frac{1}{4}$ Pck.	12,5 Pck. / $12\frac{1}{2}$ Pck.

2. a) 12,50 € + 47,50 € + 8,50 € = 68,50 € 68,50 € : 50 = 1,37 €

Sinnvoll ist eine Rundung auf 10-ct-Beträge. Ich würde für ein Würstchen mit Brötchen 1,40 €
oder 1,50 € nehmen (Alternativen siehe unten), damit die Klassenkasse einen (kleinen) Über-
schuss erwirtschaftet.

b)

Anzahl	1	2	3	4	5
Preis (in €)	1,40	2,80	4,20	5,60	7,00
Preis (in €)	1,50	3,00	4,50	6,00	7,50

3.

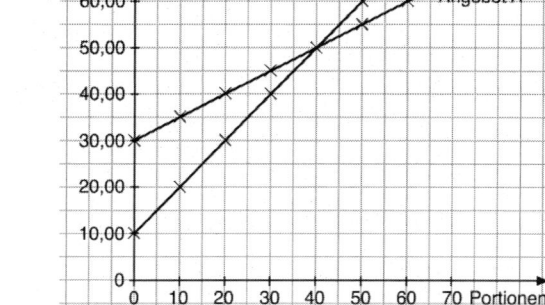

18 Maschinen benötigen 100 Tage
: 9 · 9
· 10 2 Maschinen benötigen 900 Tage
: 10
20 Maschinen benötigen 90 Tage

Der Betrieb würde für den Auftrag dann nur 90 Tage benötigen.

4. a)

b) Bei Angebot A kosten 30 Portionen 45,00 €, bei Angebot B 40,00 €.

c) Bei 40 Portionen bezahlt man bei beiden Angeboten 50,00 €.

d) Hier kann eine individuelle Begründung für Angebot A oder B erfolgen.

Beispiel für Angebot A: Ich glaube, dass mehr als 40 Portionen Eis gegessen werden, weil
Kinder gern Eis essen, deshalb ist das Angebot A günstiger.

Beispiel für Angebot B: Die Erwachsenen essen kein Eis, deshalb werden vermutlich weniger als
40 Portionen Eis gegessen. Deshalb ist das Angebot B günstiger.

Deine Stärken und Schwächen – Dein Förderplan (1)   **Name:** _____

Anforderungen	gut	zum Teil	kaum	nicht	Bemerkungen
1. a) Einen geeigneten Zwischenschritt beim Dreisatz bei direkt proportionalen Zuordnungen finden, kannst du …					
b) Den Dreisatz bei direkt proportionalen Zuordnungen anwenden, kannst du …					
2. a) Aus mehreren Angaben eine sinnvolle Preisgestaltung berechnen, kannst du …					
b) Eine Preistabelle aufstellen, kannst du …					
3. Einen geeigneten Zwischenschritt beim Dreisatz bei indirekt proportionalen Zuordnungen finden, kannst du …					
Den Dreisatz bei indirekt proportionalen Zuordnungen anwenden, kannst du …					
4. a) Die Graphen für die beiden Zuordnungen zeichnen, kannst du …					
b) Den Preis für 30 Portionen Eis ablesen oder berechnen, kannst du …					
c) Ablesen, wann beide Angebote gleich teuer sind, kannst du …					
d) Eine Entscheidung mit mathematischen Argumenten begründen, kannst du …					

Liebe/r _____,

_____

_____

_____

_____

_____

Ich habe den Förderplan zur Kenntnis genommen.

_____, den _____   _____

                                                                    Unterschrift eines Erziehungsberechtigten

☐ Ich möchte gern Rücksprache nehmen und bitte um einen Termin.

Test (2)   **Name:** _____

1. Die Klasse 7c plant einen Ausflug in das örtliche Naturkundemuseum. Da zurzeit einige Schülerinnen und Schüler krank sind, ist noch unklar, ob alle 19 Kinder mitkommen können.

Eintritt	pro Person
Erwachsene	9,00 €
Kinder	6,50 €
Kindergeburtstag (mind. 10 Kinder)	5,50 €
Klassenausflug (mind. 15 Schülerinnen und Schüler mit Lehrkraft)	4,00 €

   a) Lege eine Tabelle an, aus der man ablesen kann, wie viel der Eintritt für 15 bis 19 Schülerinnen und Schüler kostet.

   b) Die Buskosten betragen insgesamt 71,40 €. Es fahren 17 Schülerinnen und Schüler mit. Wie viel Geld muss jedes Kind für die Busfahrt bezahlen?

   c) Wie viel kostet insgesamt der Ausflug pro Kind, wenn 17 Kinder mitfahren?

   d) Die Klasse plant auch eine Wanderung. Auf der Wanderkarte (Maßstab 1 : 50000) ist der geplante Wanderweg 5 cm lang. Wie lang ist er in Wirklichkeit?   (10)

2. Vervollständige die Zuordnungstabellen.

   a) *Länge eines Stabes → Masse*

Länge (in m)	Masse (in kg)
2,8	56
1,4	
4,2	
	112

   b) *Geschwindigkeit → Fahrzeit*

Geschwindigkeit (in $\frac{km}{h}$)	Fahrzeit (in h)
20	12
10	
60	
	3

(6)

3. Prüfe, ob die Zuordnung direkt proportional oder indirekt proportional oder keines von beidem ist. Begründe jeweils deine Entscheidung.

   a)

Seitenlänge des Quadrats	Umfang des Quadrats
4 cm	16 cm
7 cm	28 cm
11 cm	44 cm

   c)

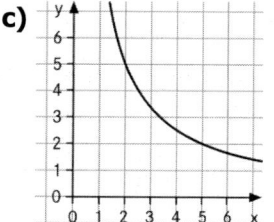

   b) Ein Ei, das innen noch etwas flüssig ist, benötigt 4 Minuten Kochzeit.
   Anzahl der Eier in einem Topf → Dauer der Kochzeit   (6)

4. **a)** In einer Fabrik füllen 3 Abfüllmaschinen pro Stunde 2400 Flaschen mit Limonade. Wie viele Flaschen werden dann von 5 Maschinen pro Stunde gefüllt?

   b) In der Fabrik brauchen 4 Abfüllmaschinen für das Abfüllen von 1000 Päckchen Orangensaft 60 Minuten. Wie lange brauchen dafür 3 Abfüllmaschinen?

   c) Welche Annahme hast du bei der Lösung der Teilaufgaben a) und b) getroffen?   (9)

_____
(31)

Lösungen zu Seite 17 – Test (2)

1. a)

Anzahl der Schülerinnen und Schüler	Preis (in €)
15	60,00
16	64,00
17	68,00
18	72,00
19	76,00

b) 71,40 € : 17 = 4,20 €

c) Jedes Kind muss 4 € Eintritt und 4,20 € für die Fahrtkosten bezahlen. Das sind zusammen 8,20 €.

d) $1\,cm \rightarrow 50\,000\,cm = 500\,m$
$5\,cm \rightarrow 2\,500\,m = 2,5\,km$ $\Big) \cdot 5$
Der Wanderweg ist 2,5 km lang.

2. a)

Länge (in m)	Masse (in kg)
2,8	56
1,4	28
4,2	84
5,6	112

b)

Geschwindigkeit (in $\frac{km}{h}$)	Fahrzeit (in h)
20	12
10	24
60	4
80	3

3. a) Wir berechnen die Quotienten:
16 cm : 4 cm = 4
28 cm : 7 cm = 4
44 cm : 11 cm = 4
Es liegt Quotientengleichheit vor, die Zuordnung ist somit direkt proportional.

b) Die Zuordnung ist weder direkt noch indirekt proportional.
Es ist egal, wie viele Eier man in einem Topf bis zur gewünschten Härte kocht, die benötigte Zeit bleibt gleich.

c) Der Graph der Zuordnung ist eine Hyperbel. Es liegt also eine indirekt proportionale Zuordnung vor.

4. a) Die Zuordnung ist direkt proportional.

Anzahl der Maschinen	Anzahl der Flaschen
3	2 400
1	800
5	4 000

Fünf Maschinen füllen pro Stunde 4 000 Flaschen.

b) Die Zuordnung ist indirekt proportional.

Anzahl der Maschinen	Abfülldauer
4	60 min
1	240 min
3	80 min

Drei Maschinen brauchen 80 Minuten.

c) Die Maschinen sind baugleich, d. h. sie füllen pro Stunde gleich viele Flaschen bzw. Päckchen ab.

Deine Stärken und Schwächen – Dein Förderplan (2)   Name: _____

Anforderungen	gut	zum Teil	kaum	nicht	Bemerkungen
1. a) Informationen aus einer Tabelle entnehmen, kannst du …					
Eine Preistabelle anlegen, kannst du …					
b)/c) Eine Sachsituation durch Division und Addition lösen, kannst du …					
d) Den Maßstab als Zuordnung nutzen, kannst du …					
2. Zuordnungstabellen ergänzen **a)** bei einer direkt proportionalen Zuordnung kannst du …					
b) bei einer indirekt proportionalen Zuordnung kannst du …					
3. a) Anhand einer Tabelle eine direkt proportionale Zuordnung erkennen und begründen, kannst du …					
b) Eine Sachsituation erkennen, in der weder direkte noch indirekte Proportionalität vorliegt, kannst du …					
c) Den Graphen einer indirekt proportionalen Zuordnung erkennen, kannst du …					
4. Direkt und indirekt proportionale Zuordnungen erkennen, kannst du …					
a) Den Dreisatz bei direkt proportionalen Zuordnungen anwenden, kannst du …					
b) Den Dreisatz bei indirekt proportionalen Zuordnungen anwenden, kannst du …					
c) Bedingungen benennen, um den Dreisatz bei indirekt proportionalen Zuordnungen anwenden zu dürfen, kannst du …					

Liebe/r _____,

_____

_____

Ich habe den Förderplan zur Kenntnis genommen.

_____, den _____   _____

Unterschrift eines Erziehungsberechtigten

☐ Ich möchte gern Rücksprache nehmen und bitte um einen Termin.

Prozentrechnung (Schülerband Seite 100 bis 131)

Was ich schon alles kann

Name: _____

Kreuze bei den nachfolgenden Aufgaben an, wie sicher du dich fühlst. In der Spalte *Das kannst du üben* findest du Aufgaben zum Wiederholen.

Wie sicher fühlst du dich?	☺☺	☺	☺	☹	Das kannst du üben	geübt
1. Ich kann (1) von einer Fläche 25 % schraffieren. (2) ablesen, wie viel Prozent einer Fläche schraffiert sind. (1) (2)					S. 103 Ü 4, 6, 7 und 8; S. 104 Ü 12; S. 131 Ü 1	
2. Ich kann Prozentangaben als Bruch bzw. als Dezimalzahl darstellen und andersherum. 25 %; 40 %; 75 %; $\frac{15}{50}$; $\frac{3}{20}$; $\frac{40}{200}$; 0,25; 0,50; 0,9					S. 103 Ü 3, 9, 10 und 11; S. 104 Ü 15; S. 114 Ü 10	
3. Ich kann Grundwert, Prozentsatz und Prozentwert berechnen. (1) 20 % von 80 € (3) 25 % von 200 € (2) 32 € sind 40 % von G (4) p % von 800 m sind 240 m					S. 105, 108 und 111 Information; S. 106 Ü 6; S. 107 Ü 9; S. 109 Ü 4, 7 und 8; S. 112 Ü 5 und 6	
4. Walnüsse enthalten 63 % Fett. Ich kann berechnen, wie viel g Fett in 250 g Walnüssen enthalten sind.					S. 107 Ü 10, 12, 13, 14 und 15; S. 115 Ü 3	
5. 75 % der Schülerinnen und Schüler sind mit der Auswahl in ihrer Cafeteria zufrieden. Das sind 405 Schülerinnen und Schüler. Ich kann berechnen, wie viele Schülerinnen und Schüler an der Umfrage teilgenommen haben.					S. 108 Ü 2; S. 109 Ü 10 und 11; S. 110 Ü 12 und 13; S. 115 Ü 6; S. 116 Ü 10	
6. Bei der Wahl zum Schulsprecher bekam Nico 182 von 280 Stimmen. Ich kann berechnen, wie viel Prozent der Stimmen Nico erhalten hat.					S. 112 Ü 8 und 9; S. 114 Ü 8; S. 115 Ü 5	
7. Ich kann Prozentsätze in Streifen- und Kreisdiagrammen darstellen und aus ihnen ablesen.					S. 118 Information und Aufgabe 1; S. 119 Ü 3; S. 120 Ü 5, 6 und 7	
8. a) Eine Jeans kostet 84 €. Der Preis soll um 30 % gesenkt werden. Ich kann den Nachlass und den neuen Preis berechnen. **b)** Ein Stuhl kostet 240 €. Der Preis wird um 15 % erhöht. Ich kann die Preiserhöhung und den neuen Preis berechnen.					S. 121 Aufgabe 1 und Ü 2, 3 und 4; S. 122 Ü 5 und 8; S. 123 Ü 2; S. 124 Ü 3, 4 und 5; S. 131 Ü 5 und 6	

Was wir im Team können

Name: _____   Partner/-in: _____

Bearbeite den Bogen zuerst allein (Hausaufgabe), dann zusammen mit deinem Lernpartner oder deiner Lernpartnerin.
Vergleicht eure Rechenwege und entwickelt eine gemeinsame Lösung und Begründung.
Kreuze bei jeder Behauptung an, ob du sie für richtig oder falsch hältst. Begründe.

Behauptung	richtig	falsch	Begründung (Du kannst deine Begründungen auch auf ein extra Blatt schreiben.)
1. Bei dieser Fläche sind 40 % schraffiert.			
2. Du hast 95 € zum Geburtstag bekommen und möchtest dir dafür ein Handy kaufen. Wenn der Preis eines Handys 120,00 € beträgt, und der Händler dir einen Nachlass von 25 % geben kann, dann reicht dein Geld nicht.			
3. Eine Jeans kostet 105 €. Wenn der Preis um 30 % reduziert wird, kostet sie hinterher nur noch 73,50 €.			
4. Wenn ich 80 % einer Kreisfläche schraffieren soll, dann kann ich 360° durch 5 teilen, den Winkel viermal abtragen und vier Sektoren davon schraffieren.			
5. Eine Jeans für 98 € wird im Schlussverkauf um 30 % reduziert. Wegen eines Fehlers erhält Max nochmals 20 % Nachlass auf den reduzierten Preis. Max bekommt nun insgesamt 50 % Nachlass.			
6. Ein Brötchen enthält 7 g Fett. Auf der 150-g-Packung Salami (10 Scheiben) steht: Fettanteil 38 %. Wenn ich pro Mahlzeit höchstens 20 g Fett zu mir nehmen möchte, darf ich 1 $\frac{1}{2}$ Brötchen mit insgesamt 3 Scheiben Salami essen.			

© 2016 Schroedel, Braunschweig 978-3-507-81263-5

Prozentrechnung (Schülerband Seite 100 bis 131)

Lösungen zu Seite 21 – Was wir im Team können

	richtig	falsch	Begründung
1.		x	Es sind 60 % schraffiert, denn ein Teil entspricht 20 % (100 % : 5 = 20 %).
2.		x	25 % von 120 € sind 30 €. Der neue Preis beträgt dann 120 € − 30 € = 90 €. Dein Geld reicht; du hast noch 5 € übrig.
3.	x		30 % von 105 € sind 31,50 €. Der neue Preis beträgt dann 105 € − 31,50 € = 73,50 €.
4.	x		$80\% = \frac{80}{100} = \frac{8}{10} = \frac{4}{5}$ Jeder der 5 gleich großen Kreissektoren hat einen Mittelpunktswinkel von 360° : 5 = 72°. Vier der fünf Sektoren werden schraffiert.
5.		x	30 % von 98,00 € = 29,40 €; Preis zum Schlussverkauf: 98,00 € − 29,40 € = 68,60 €. 20 % von 68,60 € (vom neuen Grundwert) = 13,72 €; neuer Preis: 68,60 € − 13,72 € = 54,88 €. Wenn Max 50 % Nachlass erhalten hätte, dann müsste er nur 49 € bezahlen, denn 50 % von 98 € sind 49 €. *Erklärung:* Da der Grundwert nach der Reduzierung kleiner ist als vorher, wird auch der Prozentwert für den Nachlass von 20 % geringer. Die zweite Ermäßigung fällt kleiner aus, weil sie nicht für den ursprünglichen Grundwert (98 €), sondern für den reduzierten Preis (68,60 €) berechnet wird.
6.		x	10 Scheiben wiegen 150 g. 1 Scheibe Salami wiegt 15 g. Jede Scheibe enthält 15 g · 0,38 = 5,7 g Fett. 3 Scheiben Salami enthalten 3 · 5,7 g = 17,1 g Fett. 1 Brötchen enthält 7 g Fett. Dann enthalten $1\frac{1}{2}$ Brötchen 7 g + 3,5 g = 10,5 g Fett. 17,1 g Fett + 10,5 g Fett sind zusammen 27,6 g Fett. Das wären deutlich mehr als die angestrebten 20 g Fett.

Test Name: _____

1. Gib den gefärbten Anteil als Bruch, als Dezimalzahl und in Prozent an.

(1) 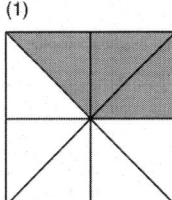 (2) 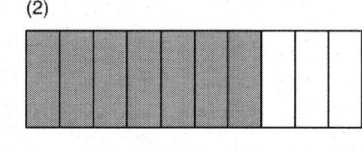 (3) 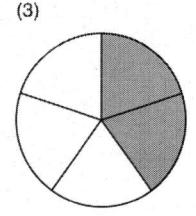 (4)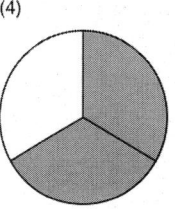

(6)

2. Berechne die fehlenden Werte.

	a)	**b)**	**c)**
Grundwert	2 100 kg	360 €	
Prozentsatz	18 %		18 %
Prozentwert		108 €	45 m

(3)

3. Nico und Luca wollen gemeinsam in den Urlaub nach Mallorca fahren. Die Reise kostet für 14 Tage 950,00 Euro pro Person inkl. Flug und Verpflegung. Als Anzahlung müssen die beiden 40 % des Reisepreises bezahlen.

a) Wie viel muss jeder von ihnen anzahlen?

b) Nico hat bereits 237,50 Euro für die Anzahlung gespart.
Wie viel Prozent der gesamten Anzahlung fehlen ihm noch?

(5)

4. Zum Schulfest haben fünf Teams einen Tanz vorgeführt. Die abgegebenen Stimmen zur Wahl des besten Tanzes wurden in einem Säulendiagramm und in einem Kreisdiagramm dargestellt.

Sarah meint, dass die dargestellten Anteile der Teams im Kreisdiagramm nicht stimmen können.

Prüfe und begründe.

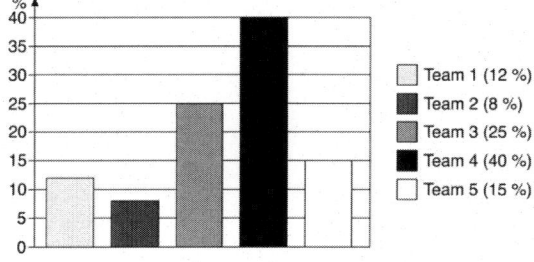

- Team 1 (12 %)
- Team 2 (8 %)
- Team 3 (25 %)
- Team 4 (40 %)
- Team 5 (15 %)

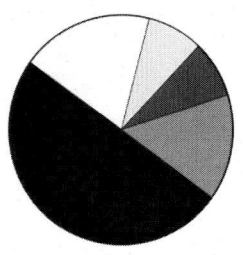

(6)

5. Maria möchte ihrer Mutter zum Geburtstag einen Strauß Blumen mit 9 Nelken und 3 Lilien schenken. Eine Nelke kostet 1,20 €; die Lilie gibt es für 2,40 € pro Stück. Heute gilt eine Sonderaktion mit 15 % Nachlass auf Nelken. Maria hat 15 € dabei. Reicht ihr Geld?

(5)

6. Wegen Umzugs wirbt ein Fahrradladen damit, auf alle Fahrräder 15 % Rabatt zu gewähren. Bei den älteren Modellen werden nochmals 10 % auf den reduzierten Preis geboten. Im Fenster steht daher ein Schild mit der Aufschrift: *Auf ältere Modelle 25 % Rabatt!*

Was meinst du dazu?

(5)

(30)

© 2016 Schroedel, Braunschweig 978-3-507-81263-5

Lösungen zu Seite 23 – Test

1. (1) $\frac{3}{8} = 0,125 = 12,5\,\%$ (2) $\frac{7}{10} = 0,7 = 70\,\%$ (3) $\frac{2}{5} = 0,4 = 40\,\%$ (4) $\frac{2}{3} = 0,\overline{6} = 66\frac{2}{3}\,\%$

2.

Grundwert	2 100 kg	360 €	**250 m**
Prozentsatz	18 %	**30 %**	18 %
Prozentwert	**378 kg**	108 €	45 m

3. a) 40 % von 950 € sind 380 €. Jeder muss 380 € anzahlen.

   b) 237,50 € : 380 € = 0,625 = 62,5 %; 100 % − 62,5 % = 37,5 %
     Nico fehlen noch 37,5 % von der Anzahlung.

4. Sarah hat recht.

  (1) Lösung mit Überschlag und entsprechender Begründung:

    1. Team 3 bekam 25 % (ein Viertel) der Stimmen – im Kreisdiagramm erhielt Team 3 weniger als ein Viertel.

    2. Team 4 bekam 40 % der Stimmen. Im Kreisdiagramm wurde Team 4 aber mit der Hälfte (50 %) der Stimmen bedacht.

    3. Der Anteil von Team 2 müsste kleiner sein als der von Team 1. Team 1 müsste etwa ein Achtel erhalten, denn 12 % ist etwa die Hälfte von 25 %.

    4. Team 5 könnte stimmen, denn der dargestellte Anteil von 15 % ist etwas größer als ein Achtel.

    5. Auch der dargestellte Anteil von Team 2 könnte stimmen, denn das ist etwa ein Drittel von 25 % oder ein Drittel eines Viertels.

  (2) Lösung über Berechnung:

    1. Team 1: 12 % ≙ 43,2° – Kontrolle über Messung ergibt – stimmt nicht / Anteil ist zu klein.

    2. Team 2: 8 % ≙ 28,8° – Kontrolle über Messung ergibt – stimmt / Anteil ist korrekt gezeichnet.

    3. Team 3: 25 % ≙ 90° – Kontrolle über Messung ergibt – stimmt nicht / Anteil ist zu klein.

    4. Team 4: 40 % ≙ 144° – Kontrolle über Messung ergibt – stimmt nicht / Anteil ist zu groß.

    5. Team 5: 15 % ≙ 54° – Kontrolle über Messung ergibt – stimmt / Anteil ist korrekt dargestellt.

5. Nelken: 15 % von 1,20 € sind 0,18 €; Preis einer Nelke nach Rabatt: 1,20 € − 0,18 € = 1,02 €

      9 · 1,02 € = 9,18 €

  Lilien: 3 · 2,40 € = 7,20 €

  Gesamtpreis: 9,18 € + 7,20 € = 16,38 €. Da Maria nur 15 € dabei hat, reicht das Geld nicht.

6. Das stimmt nicht. Erläuterungen/Begründungen über ein Rechenbeispiel mit G = 100 €.

  für ältere Modelle: (1) 15 % von 100 € sind 15 €; 100 € − 15 € = 85 €

              (2) 10 % von 85 € sind 8,50 €; 85 € − 8,50 € = <u>76,50 €</u>

  nach der Werbung im Fenster: 25 % von 100 € sind 25 €; 100 € − 25 € = <u>75 €</u>

  Der tatsächliche Nachlass ist geringer als 25 %. Die Werbung im Fenster ist irreführend.

Deine Stärken und Schwächen – Dein Förderplan   Name: _____

Anforderungen	gut	zum Teil	kaum	nicht	Bemerkungen
1. Dargestellte Brüche erkennen, kannst du …					
Brüche in Dezimalzahlen umwandeln, kannst du …					
Anteile in Prozentschreibweise angeben, kannst du …					
2. a) Den Prozentwert berechnen, kannst du …					
b) Den Prozentsatz berechnen, kannst du …					
c) Den Grundwert berechnen, kannst du …					
3. a) In einer Sachsituation erkennen, dass der Prozentwert gesucht ist, kannst du …					
Die gesuchte Größe berechnen, kannst du …					
b) In einer Sachsituation erkennen, dass der Prozentsatz gesucht ist, kannst du …					
Die gesuchte Größe berechnen, kannst du …					
4. Daten aus einem Säulendiagramm entnehmen, kannst du …					
Fehler in einem Kreisdiagramm erkennen und begründen, kannst du …					
5. Angaben aus einer Sachsituation richtig verwenden und zugehörige Rechnungen durchführen, kannst du …					
Bei einem Preisnachlass den neuen Preis berechnen, kannst du …					
6. Einen Denkfehler in einer komplexen Sachaufgabe im Zusammenhang mit prozentualen Veränderungen erkennen und erläutern, kannst du …					

Liebe/r _____,

_____

_____

Ich habe den Förderplan zur Kenntnis genommen.

_____, den _____   _____

                                                                    Unterschrift eines Erziehungsberechtigten

☐ Ich möchte gern Rücksprache nehmen und bitte um einen Termin.

© 2016 Schroedel, Braunschweig 978-3-507-81263-5

Was ich schon alles kann (1)   **Name:** _____

Kreuze bei den nachfolgenden Aufgaben an, wie sicher du dich fühlst. In der Spalte *Das kannst du üben* findest du Aufgaben zum Wiederholen.

Wie sicher fühlst du dich?	☺☺	☺	😐	☹	Das kannst du üben	geübt
1. Ich kann Aussagen über spitzwinklige, rechtwinklige oder stumpfwinklige Dreiecke machen.					S. 136 Information; S. 137 Ü 2	
2. Ich kann Aussagen über gleichseitige, gleichschenklige oder unregelmäßige Dreiecke machen.					S. 138 Information und Ü 1, 2 und 3; S. 139 Ü 5 und 6	
3. Ich kenne die Seiten-Winkel-Beziehung im Dreieck und kann erklären, warum in einem gleichschenkligen Dreieck die Basiswinkel gleich groß sind.					S. 139 Information; S. 140 Ü 1, 2, 3 und 4	
4. Ich kann mithilfe des Innenwinkelsatzes für Dreiecke den fehlenden Winkel in einem Dreieck bestimmen, wenn zwei Winkel gegeben sind.					S. 136 Information; S. 137 Ü 1, 3 und 4; S. 138 Ü 4	
5. Ich kann die Dreiecksungleichung formulieren und anwenden.					S. 139 Information; S. 140 Ü 5; S. 143 Ü 4	
6. Ich kann ein Dreieck ABC konstruieren, wenn ich die Längen der drei Seiten des Dreiecks kenne. a = 5 cm, b = 4 cm, c = 6 cm					S. 142 Aufgabe 1; S. 143 Ü 2, 3, 5 und 7; S. 151 Ü 4b)	
7. Ich kann ein Dreieck ABC konstruieren, wenn ich zwei Seitenlängen und die Größe des eingeschlossenen Winkels kenne. c = 7 cm, β = 40°, a = 5 cm					S. 144 Aufgabe 1; S. 145 Ü 2, 3, 5 und 6; S. 151 Ü 4a)	
8. Ich kann ein Dreieck ABC konstruieren, wenn ich zwei Seitenlängen und die Größe des Winkels kenne, der der längeren Seite gegenüberliegt. c = 6 cm, b = 4,5 cm, γ = 81°	✗				S. 146 Aufgabe 1; S. 147 Ü 2, 3 und 4; S. 148 Ü 5, 6, 7 und 11; S. 151 Ü 3	
9. Ich kann ein Dreieck ABC konstruieren, wenn ich eine Seitenlänge und die Größe der beiden anliegenden Winkel kenne. α = 40°, c = 6 cm, β = 50°					S. 149 Aufgabe 1 und Ü 2; S. 150 Ü 5, 6 und 7; S. 170 Ü 3	
10. Ich kann ein gleichschenkliges Dreieck ABC aus folgenden Angaben konstruieren: β = 65° und Basis c = 5,4 cm					S. 149 Ü 4; S. 173 Ü 2	

Was ich schon alles kann (2)

Name: _____

Kreuze bei den nachfolgenden Aufgaben an, wie sicher du dich fühlst. In der Spalte *Das kannst du üben* findest du Aufgaben zum Wiederholen.

Wie sicher fühlst du dich?	☺☺	☺	😐	☹	Das kannst du üben	geübt
1. Ich kann besondere Linien im Dreieck (Mittelsenkrechte, Seitenhalbierende und Winkelhalbierende) sowie Inkreis, Umkreis und Schwerpunkt konstruieren.					S. 156, 159 und 162 Information; S. 158, 161 und 162 Information; S. 173 Ü 5	
2. Ich kann in einem Dreieck den Punkt ermitteln, der von allen drei Eckpunkten denselben Abstand hat.	✕				S. 156 Information; S. 157 Aufgabe 2; S. 158 Ü 8	
3. Ich kann in einem Dreieck den Punkt ermitteln, der von allen drei Dreiecksseiten denselben Abstand hat.	✕				S. 159 Information; S. 160 Aufgabe 2; S. 161 Ü 7	
4. Ich kann den Umfang eines Dreiecks bestimmen. (1) c = 7 cm, a = 5 cm, b = 6 cm (2) c = 4,5 cm, a = 3,1 cm, b = 2,8 cm					S. 165 Aufgabe 1b); S. 166 Information; S. 168 Ü 12, 15 und 17	
5. Ich kann in einem Dreieck die Höhen aller drei Seiten einzeichnen und deren Länge ermitteln. h_g ⟍ g	✕				S. 163 Einstieg und Ü 2; S. 164 Information und Ü 4;	
6. Ich kann den Flächeninhalt eines Dreiecks mithilfe von Grundseite und zugehöriger Höhe bestimmen.					S. 166 Information und Ü 2; S. 167 Ü 5, 6 und 9	
7. Ich kann mithilfe von Flächeninhalt und Grundseite eines Dreiecks die Länge der zugehörigen Höhe bestimmen.					S. 167 Ü 5 und 8; S. 168 Ü 16	
8. Ich kann die Punkte A (5|1), B (5|7), C (1|4) in ein Koordinatensystem eintragen und (1) sagen, um was für ein Dreieck es sich handelt; (2) den Flächeninhalt und den Umfang berechnen; (3) den Umkreis und den Inkreis konstruieren; (4) den Schwerpunkt konstruieren.	✕				S. 158 Ü 9; S. 160 Ü 3; S. 161 Ü 5; S. 162 Ü 3; S. 168 Ü 15; S. 170 Ü 6	

Name: _____ **Partner/-in:** _____

Was wir im Team können

Bearbeite den Bogen zuerst allein (Hausaufgabe), dann zusammen mit deinem Lernpartner oder deiner Lernpartnerin.
Vergleicht eure Rechenwege und entwickelt eine gemeinsame Lösung und Begründung.
Kreuze bei jeder Behauptung an, ob du sie für richtig oder falsch hältst. Begründe.

Behauptung	richtig	falsch	Begründung (Du kannst deine Begründungen auch auf ein extra Blatt schreiben.)
1. Wenn in einem Dreieck ABC der Winkel $\alpha = 45°$ und der Winkel $\gamma = 90°$ ist, dann handelt es sich um ein gleichschenkliges rechtwinkliges Dreieck.			
2. Die große Tanne auf einem Schulhof wirft einen 50 m langen Schatten und die Sonnenstrahlen bilden mit dem Boden einen Winkel von 31°. Die Tanne ist 30 m hoch.		X	
3. Die Dreiecke A und B haben denselben Flächeninhalt.	?		
4. Drei Orte A, B und C, deren kürzeste Verbindungen (Luftlinie) ein Dreieck ergeben, sollen eine gemeinsame Grillstation erhalten. Bruno meint: „Der Mittelpunkt des Inkreises ist gleich weit von A, B und C entfernt."	?		
5. Mit den Angaben $\alpha = 110°$, $\beta = 70°$ und $c = 6$ cm kann man ein Dreieck konstruieren.			
6. Das Dreieck ABC mit den Punkten A (−1|1), B (7|1) und C (7|7) ist rechtwinklig und gleichschenklig. Sein Flächeninhalt beträgt 48 cm^2 und sein Umfang ist 24 cm lang (Einheit 1 cm).		X	

Lösungen zu Seite 28 – Was wir im Team können

	richtig	falsch	Begründung
1.	x		Da im Dreieck ABC der Winkel γ eine Größe von 90° hat, handelt es sich um ein rechtwinkliges Dreieck. Für die zweite Eigenschaft des Dreiecks (gleichschenklig) müssen wir den fehlenden Winkel β berechnen. Da die Winkelsumme im Dreieck 180° beträgt und die beiden anderen Winkel zusammen 135° ergeben, verbleiben für den fehlenden Winkel β = 45°. Damit sind die Winkel α und β gleich groß. Wenn in einem Dreieck zwei Winkel gleich groß sind, dann müssen auch die beiden gegenüberliegenden Seiten a und b gleich groß sein.
2.	x		Mithilfe einer maßstabsgetreuen Konstruktion (10 m ≙ 1 cm) lässt sich die Höhe des Baumes bestimmen. Die Tanne ist 30 m hoch.
3.	x		In den Dreiecken A und B sind die Grundseiten gleich lang und die zugehörigen Höhen gleich lang. Somit sind auch die Flächeninhalte gleich groß.
4.		x	Der Mittelpunkt des Inkreises eines Dreiecks ist gleich weit von den Seiten entfernt, jedoch im Allgemeinen nicht von den Eckpunkten A, B und C. Der Mittelpunkt des Umkreises ist der Schnittpunkt der Mittelsenkrechten. Er bildet den Mittelpunkt des Kreises, der durch alle drei Orte A, B und C geht, also auch gleich weit von jedem Ort entfernt ist.
5.		x	Es ergibt sich kein Dreieck. Die Winkelsumme in einem Dreieck beträgt 180°. Da α und β zusammen schon 180° ergeben, muss γ = 0° sein. Wenn du versuchst, das Dreieck zu zeichnen, wirst du feststellen, dass die beiden Seiten a und b parallel zueinander sind.
6.		x	Du erhältst ein rechtwinkliges, aber kein gleichschenkliges Dreieck, da alle Seiten unterschiedlich lang sind: $\overline{AB}$ = 8 cm, $\overline{BC}$ = 6 cm, $\overline{AC}$ = 10 cm. Der Flächeninhalt beträgt A = $\dfrac{8\,cm \cdot 6\,cm}{2}$ = 24 cm² und der Umfang u = 24 cm.

Test (1)   Name: _____

1. Zeichne in das Dreieck alle drei Höhen ein.

a)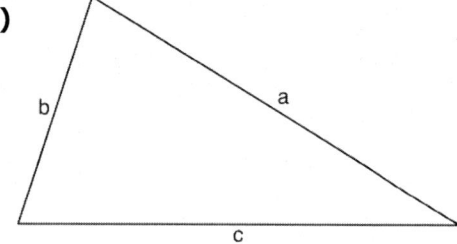

b)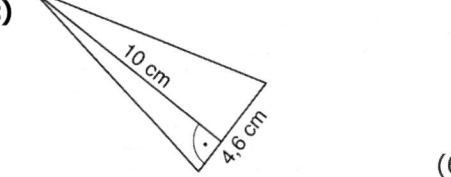

(6)

2. Berechne den Flächeninhalt des Dreiecks.

a)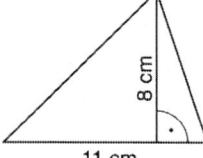

b)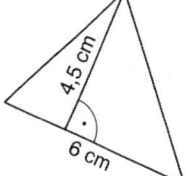

c)

(6)

3. Gegeben sind die Punkte A (1|1) und B (1|7). Bestimme einen Punkt C, sodass sich

   a) ein rechtwinkliges Dreieck ergibt.

   b) ein gleichschenkliges Dreieck ergibt. Trage die Symmetrieachse ein.

   c) ein Dreieck mit einem Flächeninhalt von 12 cm^2 ergibt.

   Trage für jede Aufgabe den entsprechenden Punkt C in das Koordinatensystem ein, gib seine Koordinaten an und verbinde die Punkte zu dem entsprechenden Dreieck.   (7)

4. Konstruiere das Dreieck ABC. Miss geeignete Stücke und ermittle Umfang und Flächeninhalt des Dreiecks.

   a) gleichseitiges Dreieck mit c = 6,3 cm

   b) c = 6,0 cm, a = 4,5 cm, γ = 80°   (10)

5. Ein Turm wirft einen 11 m langen Schatten.
Dabei bilden die Sonnenstrahlen mit dem waagerechten Boden einen Winkel von α = 52° (siehe Skizze).

   Wie hoch ist der Turm?

   Konstruiere im Maßstab 1 : 200 (1 cm ≙ 2 m).

(4)

_____

(33)

Lösungen zu Seite 30 – Test (1)

1. a)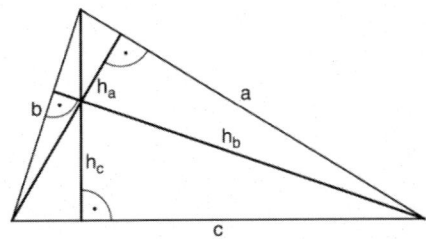

b)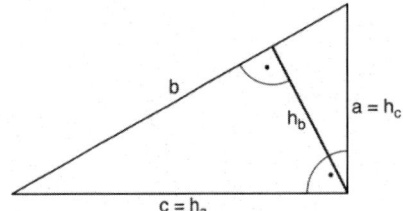

2. a) $A = \dfrac{g \cdot h}{2}$

$A = \dfrac{11\,\text{cm} \cdot 8\,\text{cm}}{2}$

$A = 44\,\text{cm}^2$

b) $A = \dfrac{g \cdot h}{2}$

$A = \dfrac{6\,\text{cm} \cdot 4,5\,\text{cm}}{2}$

$A = 13,5\,\text{cm}^2$

c) $A = \dfrac{g \cdot h}{2}$

$A = \dfrac{4,6\,\text{cm} \cdot 10\,\text{cm}}{2}$

$A = 23\,\text{cm}^2$

3. a) Lösungsbeispiel:

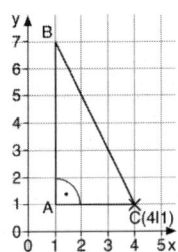

b) Lösungsbeispiel:

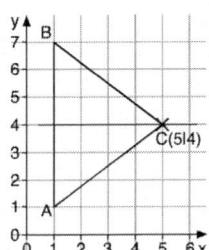

c) Die Höhe muss 4 cm sein.
Lösungsbeispiel:

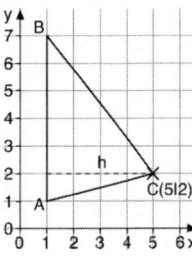

4. a)

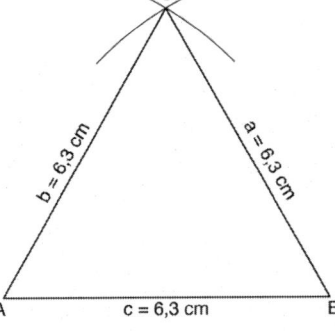

Umfang

$u = a + b + c$
$u = 6,3\,\text{cm} + 6,3\,\text{cm} + 6,3\,\text{cm}$
$u = 18,9\,\text{cm}$

Flächeninhalt
gemessen:

$h_c = 5,4\,\text{cm}$
$A = \dfrac{c \cdot h_c}{2}$
$A = \dfrac{6,3\,\text{cm} \cdot 5,4\,\text{cm}}{2}$
$A = 17,01\,\text{cm}^2$

b)

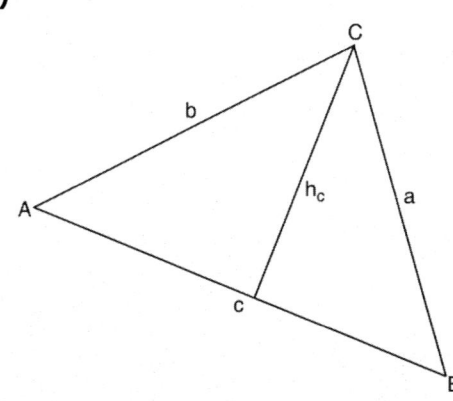

Umfang
gemessen:

$b = 4,8\,\text{cm}$
$u = a + b + c$
$u = 4,5\,\text{cm} + 4,8\,\text{cm} + 6\,\text{cm}$
$u = 15,3\,\text{cm}$

Flächeninhalt
gemessen:

$h_c = 3,6\,\text{cm}$
$A = \dfrac{c \cdot h_c}{2}$
$A = \dfrac{6\,\text{cm} \cdot 3,6\,\text{cm}}{2}$
$A = 10,8\,\text{cm}^2$

5. Der Turm ist 14 m hoch.

© 2016 Schroedel, Braunschweig 978-3-507-81263-5

Dreiecke (Schülerband Seite 134 bis 173)

Deine Stärken und Schwächen – Dein Förderplan (1)   **Name:** _____

Anforderungen	gut	zum Teil	kaum	nicht	Bemerkungen
1. In vorgegebenen Dreiecken alle Höhen einzeichnen, kannst du …					
2. Den Flächeninhalt eines Dreiecks aus gegebener Grundseite und zugehöriger Höhe berechnen, kannst du …					
3. In einem Koordinatensystem zu zwei Punkten einen weiteren bestimmen, so dass du					
a) ein rechtwinkliges Dreieck erhältst, kannst du …					
b) ein gleichschenkliges Dreieck erhältst, kannst du … Die Symmetrieachse in einem gleichschenkligen Dreieck einzeichnen, kannst du …					
c) ein Dreieck mit gegebenem Flächeninhalt erhältst, kannst du …					
4. Ein Dreieck aus gegebenen Stücken konstruieren, kannst du …					
Geeignete Stücke in einem Dreieck messen und daraus Umfang und Flächeninhalt berechnen, kannst du …					
5. Eine maßstabsgetreue Konstruktion anfertigen, kannst du …					
Die gesuchte Länge messen und die wirkliche Länge angeben, kannst du …					

Liebe/r _____,

_____

_____

_____

_____

_____

Ich habe den Förderplan zur Kenntnis genommen.

_____, den _____   _____

                                             Unterschrift eines Erziehungsberechtigten

☐ Ich möchte gern Rücksprache nehmen und bitte um einen Termin.

Test (2)   **Name:** _____

1. a) Zeichne das Dreieck aus den Punkten A (−2|−1), B (6|1) und C (1|4) in ein Koordinatensystem (Einheit 1 cm). Beschrifte die Seiten.

   b) Beschreibe die Eigenschaften des Dreiecks.

   c) Bestimme die Längen der Seiten und den Umfang des Dreiecks.

   d) Bestimme den Flächeninhalt.   (10)

2. Zwischen den drei Ortschaften Holzhausen, Knickhagen und Wilhelmshausen soll eine gemeinsame Grillstation errichtet werden, die für alle möglichst gleich gut erreichbar sein soll.

   Wo sollte die Grillstation errichtet werden? Konstruiere.

   Holzhausen ✕

                                    ✕ Wilhelmshausen

                 ✕ Knickhagen   (5)

3. Zeichne ein Koordinatensystem (Einheit 1 cm). Zeichne das Dreieck aus den Punkten A (2|1), B (7|3) und C (3|8) ein.

   a) Konstruiere den Mittelpunkt W des Inkreises und zeichne den Inkreis ein.

   b) Gib den Abstand des Mittelpunktes von den Seiten a, b und c an.   (8)

4. Der Schulteich soll eine Brücke erhalten. Um die Länge der tragenden Balken für die Unterkonstruktion zu ermitteln, wenden die Schülerinnen und Schüler ihr Wissen aus dem Mathematikunterricht an. Der Winkel α beträgt 52°, $\overline{AC}$ und $\overline{AB}$ sind jeweils 5,80 m lang.

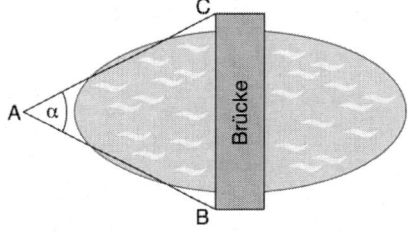

   Wie lang müssen die tragenden Balken mindestens sein? Konstruiere im Maßstab 1 : 100 (1 cm ≙ 1 m).   (4)

5.

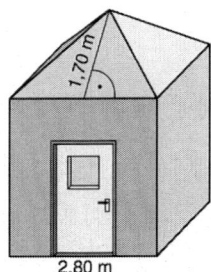

2,80 m

Auf dem Schulhof steht ein Gartenhaus zur Unterbringung der Sportgeräte für die Pausen. Das Dach ist undicht und soll mit neuer Teerpappe belegt werden. Das Häuschen hat eine quadratische Grundfläche (Seitenlänge: 2,80 m).

Die Höhe einer dreieckigen Dachfläche beträgt 1,70 m.

Wie viel m² Teerpappe muss der Hausmeister mindestens kaufen?   (4)

                                                                        _____
                                                                         (31)

© 2016 Schroedel, Braunschweig 978-3-507-81263-5

Dreiecke (Schülerband Seite 134 bis 173)

Lösungen zu Seite 33 – Test (2)

1. a)

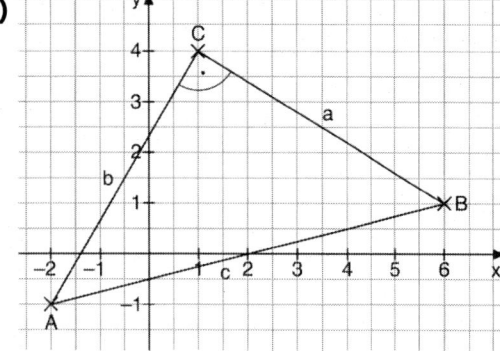

b) Eigenschaften: rechtwinklig ($\gamma = 90°$);

gleichschenklig ($a = b$; $\alpha = \beta$)

c) $a = b = 5{,}8\,cm$; $c = 8{,}2\,cm$

$u = a + b + c = 5{,}8\,cm + 5{,}8\,cm + 8{,}2\,cm$

$= 19{,}8\,cm$

d) $A = \dfrac{5{,}8\,cm \cdot 5{,}8\,cm}{2} = 16{,}8\,cm^2$

2.

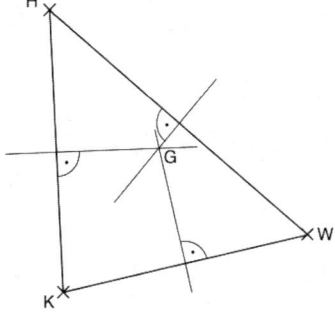

Die Grillstation sollte im Punkt G gebaut werden.

G ist der Umkreismittelpunkt des Dreiecks KWH.

3. a)

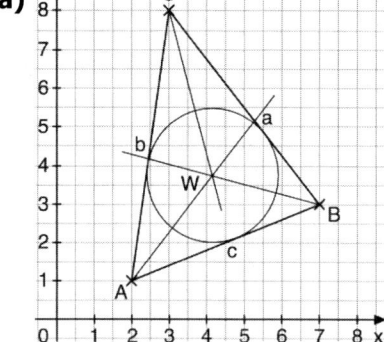

b) Abstand: 1,7 cm bis 1,8 cm

Es ist der Radius des Inkreises; die drei Abstände sind gleich groß.

4.

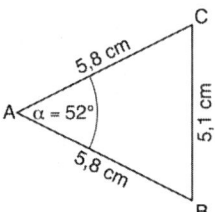

Die tragenden Balken müssen mindestens 5,10 m lang sein.

5. $A = \dfrac{g \cdot h}{2} = \dfrac{2{,}80\,m \cdot 1{,}70\,m}{2}$

$A = 2{,}38\,m^2$

Eine dreieckige Dachfläche hat einen Flächeninhalt von 2,38 m².

$2{,}38\,m^2 \cdot 4 = 9{,}52\,m^2$ benötigt man für die gesamte Dachfläche.

Der Hausmeister sollte mindestens 10 m² kaufen, damit die Teerpappe an den Rändern übereinander liegen kann.

© 2016 Schroedel, Braunschweig 978-3-507-81263-5

Deine Stärken und Schwächen – Dein Förderplan (2)   Name: _____

Anforderungen	gut	zum Teil	kaum	nicht	Bemerkungen
1. a) Ein Dreieck aus gegebenen Punkten im Koordinatensystem zeichnen, kannst du ...					
b) Die Eigenschaften des Dreiecks benennen, kannst du ...					
c) Die Länge der Seiten bestimmen und den Umfang berechnen, kannst du ...					
d) Die Länge einer Höhe bestimmen und den Flächeninhalt berechnen, kannst du ...					
2. Eine Lösungsidee (Mittelpunkt des Umkreises) entwickeln, kannst du ...					
Den Mittelpunkt konstruieren, kannst du ...					
3. Ein Dreieck aus gegebenen Punkten im Koordinatensystem zeichnen, kannst du ...					
a) Den Inkreis konstruieren, kannst du ...					
b) Den Abstand des Mittelpunktes von den Seiten (den Radius des Inkreises) bestimmen, kannst du ...					
4. Eine maßstabsgetreue Konstruktion anfertigen, kannst du ...					
Die gesuchte Länge messen und die wirkliche Länge angeben, kannst du ...					
5. Den Flächeninhalt eines Dreiecks berechnen, kannst du ...					
Den Flächeninhalt des Daches berechnen, kannst du ...					
Eine sinnvolle Menge für den Kauf angeben, kannst du ...					

Liebe/r _____,

_____

_____

_____

Ich habe den Förderplan zur Kenntnis genommen.

_____, den _____   _____

Unterschrift eines Erziehungsberechtigten

☐ Ich möchte gern Rücksprache nehmen und bitte um einen Termin.

Was ich schon alles kann (1)

Name: _____

Kreuze bei den nachfolgenden Aufgaben an, wie sicher du dich fühlst. In der Spalte *Das kannst du üben* findest du Aufgaben zum Wiederholen.

Wie sicher fühlst du dich?	☺☺	☺	😐	☹	Das kannst du üben	geübt
1. Ich kann den Wert des Terms $3 \cdot (x + 6) - 4x$ berechnen, indem ich die angegebenen Werte für x einsetze. (1) $x = 3$ (2) $x = -2$ (3) $x = 2{,}5$ (4) $x = \frac{3}{4}$					S. 177 Information und Ü 3 und 6; S. 178 Ü 7	
2. Ich kann Terme vereinfachen. (1) $3x + 7y - 2x$ (2) $4a^2 - 2a + 6a$					S. 179 Information; S. 180 Ü 3, 4, 5, 8 und 9	
3. Ich kann bei geometrischen Figuren aus Draht für den Umfang oder die gesamte Drahtlänge Terme aufstellen und Termwerte berechnen.					S. 178 Ü 11; S. 179 Aufgabe 1; S. 180 Ü 11	
4. Ich kann die Gleichung $7x - 17 = 4x - 2$ durch systematisches Probieren lösen.					S. 181 Einstieg und Aufgabe 2; S. 182 Ü 5	
5. Ich kann eine Gleichung $5x + 7 = 23 - 3x$ durch schrittweises Umformen lösen.					S. 185 Information und Ü 5; S. 187 Ü 2; S. 188 Ü 7	
6. Ein regelmäßiges Sechseck mit der Seitenlänge a hat einen Umfang $u = 57\,\text{cm}$. Ich kann eine Gleichung aufstellen und die Seitenlänge a berechnen.					S. 181 Aufgabe 2; S. 190 Ü 7; S. 193 Ü 1; S. 194 Ü 8	
7. Die Höhe eines Quaders mit quadratischer Grundfläche ist doppelt so lang wie die Seitenlänge der Grundfläche. Die Gesamtkantenlänge beträgt 96 cm. Ich kann mithilfe einer Gleichung die Seitenlänge der Grundfläche berechnen.					S. 195 Ü 15; S. 197 Ü 9	
8. Ich kann zu einem Zahlenrätsel eine Gleichung aufstellen und diese lösen. (1) Wenn man das Doppelte einer Zahl um 15 vergrößert, dann erhält man das 5-Fache der gesuchten Zahl. (2) Wenn man 15 vom Sechsfachen einer Zahl subtrahiert, dann erhält man die Summe aus dem Dreifachen der gesuchten Zahl und 9.					S. 183 Ü 8; S. 186 Ü 14; S. 188 Ü 10; S. 193 Ü 5; S. 197 Ü 6	

Was ich schon alles kann (2)

Name: _____

Kreuze bei den nachfolgenden Aufgaben an, wie sicher du dich fühlst. In der Spalte *Das kannst du üben* findest du Aufgaben zum Wiederholen.

Wie sicher fühlst du dich?	☺☺	☺	☹	☹☹	Das kannst du üben	geübt

1. Ich kann Fehler in einer fehlerhaft gelösten Gleichung finden und diese korrigieren.
 	
(1) $5 - 3x = -16$ $\mid - 5$
  $3x = -21$ $\mid : 3$
  $x = -7$
 	
(2) $6 - 3x = -14 - 7x$ $\mid + 7x$
  $6 - 10x = -14$ $\mid - 6$
  $-10x = -20$ $\mid : (-10)$
  $x = 2$
					S. 180 Ü 6;
					S. 186 Ü 9;
					S. 188 Ü 8	

2. Ich kann zu einem Altersrätsel eine Gleichung aufstellen und diese lösen. Ben gratuliert seinem Onkel Alex zum Geburtstag und möchte wissen, wie alt dieser geworden ist. Alex sagt: „Ich bin dreimal so alt wie du. Zusammen sind wir 52 Jahre alt."					S. 181 Einstieg; S. 191 Ü 12; S. 195 Ü 14; S. 197 Ü 10b)	
3. Ich kann einen Term und eine Gleichung zu einer geometrischen Sachaufgabe aufstellen und berechnen bzw. lösen. (1) Der Flächeninhalt eines Rechtecks beträgt 48 cm². Die eine Seite des Rechtecks ist 6 cm lang. (2) Der Umfang eines Dreiecks beträgt 30 cm. Seine Basis ist dreimal und eine der Seiten ist doppelt so lang wie die kürzeste Seite des Dreiecks.					S. 190 Ü 2 und 7; S. 197 Ü 10a); S. 199 Ü 3	
4. Klara kauft 4 Roggenbrötchen und ein Brot zu 2,99 €. Sie soll dafür insgesamt 5,19 € bezahlen. Ich kann zu der Sachaufgabe eine Gleichung aufstellen und den Preis für ein Roggenbrötchen bestimmen.					S. 189 Aufgabe 1; S. 190 Ü 3, 4 und 6; S. 197 Ü 7; S. 199 Ü 2	
5. Bei „Marthas Süßwaren" kann man alles stückweise einkaufen. Pit kauft 7 Schaumküsse und für 35 Cent einen Lolli. Insgesamt soll er 2,35 € bezahlen. Ich kann zu dieser Aufgabe eine Gleichung aufstellen. Ich kann erklären, warum sich die Verkäuferin verrechnet haben muss.					S. 195 Ü 13; S. 197 Ü 7; S. 199 Ü 1	

Name: _____   **Partner/-in:** _____

Was wir im Team können

Bearbeite den Bogen zuerst allein (Hausaufgabe), dann zusammen mit deinem Lernpartner oder deiner Lernpartnerin.
Vergleicht eure Rechenwege und entwickelt eine gemeinsame Lösung und Begründung.
Kreuze bei jeder Behauptung an, ob du sie für richtig oder falsch hältst. Begründe.

Behauptung	richtig	falsch	Begründung (Du kannst deine Begründungen auch auf ein extra Blatt schreiben.)
1. Setze ich in den Term $x^2 - 7$ die Zahlen 3; 2; 1; 0; –1; –2; –3 ein, so ist der Wert des Terms stets negativ.			
2. Die eine Seite eines Rechtecks ist dreimal so lang wie die andere. Wenn der Umfang des Rechtecks 48 cm beträgt, dann ist die längere Seite 18 cm lang.			
3. Wenn man das 3-Fache einer Zahl um 16 vergrößert, so erhält man die Summe aus der Zahl und 26. Die gesuchte Zahl ist 10.			
4. Marie und Jannis haben die Gleichungen richtig gelöst. Marie: $5x - 12 = 2x - 6 \mid -2x$ Jannis: $7x + 3 = 4x - 9 \mid -4x$ $\quad 3x - 12 = 6 \qquad\qquad \mid +12 \qquad 3x + 3 = -9 \qquad \mid -3$ $\quad 3x \quad = 18 \qquad\quad \mid :3 \qquad\qquad 3x = -6 \qquad \mid :3$ $\qquad\qquad x = 6 \qquad\qquad\qquad\qquad\qquad\qquad x = -2$			
5. In der Gleichung $x + x = x \cdot x$ gibt es mehrere Möglichkeiten, um für die Variable x eine Zahl so einzusetzen, dass beide Seiten der Gleichung denselben Wert haben.			
6. Rechts siehst du einen Tetraeder. Es soll aus 84 cm Draht ein Kantenmodell hergestellt werden. Alle Kanten sollen gleich lang sein. Die Länge einer Kante beträgt dann 14 cm.			
7. Das Dreieck mit den Innenwinkeln α, $\beta = 2\alpha$ und $\gamma = 3\alpha$ ist rechtwinklig.			

Lösungen zu Seite 38 – Was wir im Team können

	richtig	falsch	Begründung
1.		x	Der Wert des Terms ist beim Einsetzen von +3 und –3 jeweils positiv. $x = +3$ $(+3)^2 - 7 = 9 - 7 = 2$; $x = -3$ $(-3)^2 - 7 = 9 - 7 = 2$
2.	x		Länge der kürzeren Seite: x Länge der längeren Seite: 3x $u = x + 3x + x + 3x = 8\,cm$ $8x = 48\,cm$ | : 8 $x = 6\,cm$ Die kürzere Seite ist 6 cm lang und die längere Seite 3 · 6 cm = 18 cm.
3.		x	Wird das Dreifache einer Zahl um 16 vergrößert, so erhält man die Summe aus der Zahl und 26. $3x$ $+16$ $=$ $x + 26$ $2x + 16 = 26$ | – 1x $2x = 10$ | – 16 $x = 5$ | : 2 Die gesuchte Zahl ist 5.
4.		x	Keiner der beiden hat seine Gleichung richtig gelöst. Die richtigen Lösungswege lauten: Marie: $5x - 12 = 2x - 6$ | – 2x Jannis: $7x + 3 = 4x - 9$ | – 4x $3x - 12 = -6$ | + 12 $3x + 3 = -9$ | – 3 $3x = 6$ | : 3 $3x = -12$ | : 3 $x = 2$ $x = -4$
5.	x		*1. Möglichkeit:* Wird für x die Zahl 0 eingesetzt, so ergibt sich mit 0 + 0 = 0 · 0 auf beiden Seiten mit 0 der gleiche Wert. *2. Möglichkeit:* Wird für x die Zahl 2 eingesetzt, so ergibt sich mit 2 + 2 = 2 · 2 auf beiden Seiten mit 4 der gleiche Wert.
6.	x		Der Tetraeder hat sechs Kanten und eine Gesamtkantenlänge von 84 cm. Für die Länge einer Karte wird die Variable a verwendet. $6a = 84$ | : 6 $a = 14$ Der Tetraeder hat eine Kantenlänge von 14 cm.
7.	x		Nach dem Innenwinkelsatz für Dreiecke gilt $\alpha + 2\alpha + 3\alpha = 180°$ $6\alpha = 180°$ | : 6 $\alpha = 30°$ Damit gilt $\beta = 2 · 30° = 60°$ und $\gamma = 3 · 30° = 90°$. Das Dreieck besitzt also einen rechten Winkel und ist somit rechtwinklig.

Test Name: _____

1. Schreibe als Term.

    a) das Achtfache einer Zahl   **b)** der vierte Teil einer Zahl vermindert um 11   (3)

2. Bestimme die Lösung. Notiere jeden Umformungsschritt.

    a) $7x = 42$ **c)** $12x - 15 = 9$

    b) $9x + 13 = 67$ **d)** $6x - 7 = x + 31$ (8)

3. Löse das Zahlenrätsel mithilfe einer Gleichung. Überprüfe mit der Probe.

    a)

 Subtrahiert man 7 von der Summe aus dem Fünffachen einer Zahl und 13, so erhält man 51.

    b)

Addiert man zum Vierfachen einer Zahl die Zahl 13, so erhält man das Doppelte der gedachten Zahl vermindert um 5.

    (6)

4. Frieda meint, die Lösung der Gleichung $2x - 21 = 5x - 36$ sei eine Zahl zwischen −3 und +3.
Hat sie recht?

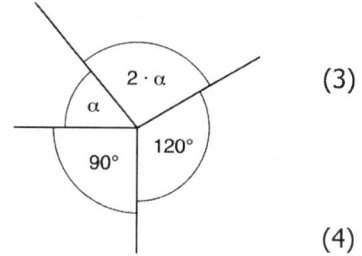

    (3)

5. Stelle eine Gleichung auf und berechne mit ihr die Größe des Winkels α (Abbildung rechts).

    (4)

6. Paul erhält in der Technik-AG einen dicken Aluminiumdraht, der 80 cm lang ist. Er will damit das Kantenmodell einer möglichst hohen Pyramide mit quadratischer Grundfläche bauen. Die Grundkante a soll 8 cm lang sein.
Wie lang sind die Seitenkanten?

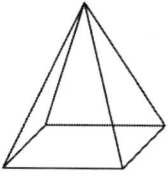

    (5)

7. Hanna ist dreimal so alt wie ihre kleine Schwester Emma. Ihr Bruder Björn ist doppelt so alt wie Emma. Zusammen sind sie so alt wie ihre Mutter, die gerade ihren 36. Geburtstag gefeiert hat.

    a) Wie alt sind Hanna, Emma und Björn?

    b) Björn meint zu Hanna: „Mama war 18 Jahre alt, als sie dich bekam."
         Was meinst du dazu? Stelle eine Gleichung auf und löse sie.   (6)

    (35)

Lösungen zu Seite 40 – Test

1. a) $8x$ **b)** $\frac{x}{4} - 11$

c)
$$12x - 15 = 9 \quad | + 15$$
$$12x = 24 \quad | : 12$$
$$x = 2$$

2. a)
$$7x = 42 \quad | : 7$$
$$x = 6$$

b)
$$9x + 13 = 67 \quad | - 13$$
$$9x = 54 \quad | : 9$$
$$x = 6$$

d)
$$6x - 7 = x + 31 \quad | - x$$
$$5x - 7 = 31 \quad | + 7$$
$$5x = 38 \quad | : 5$$
$$x = 7{,}6$$

3. a) Die Variable x sei die gedachte Zahl.

$$5x + 13 - 7 = 51$$
$$5x + 6 = 51 \quad | - 6$$
$$5x = 45 \quad | : 5$$
$$x = 9$$

Probe: $5 \cdot 9 + 13 - 7 = 51$
$$58 - 7 = 51$$
$$51 = 51$$
(wahre Aussage)

b) Die Variable x sei die gedachte Zahl.

$$4x + 13 = 2x - 5 \quad | - 2x$$
$$2x + 13 = -5 \quad | - 13$$
$$2x = -18 \quad | : 2$$
$$x = -9$$

Probe: $4 \cdot (-9) + 13 = 2 \cdot (-9) - 5$
$$-36 + 13 = -18 - 5$$
$$-23 = -23$$
(wahre Aussage)

4.
$$2x - 21 = 5x - 36 \quad | - 2x$$
$$-21 = 3x - 36 \quad | + 36$$
$$15 = 3x \quad | : 3$$
$$x = 5$$

Die Lösung dieser Gleichung ist keine Zahl zwischen -3 und $+3$.

Frieda hatte also nicht recht.

5.
$$\alpha + 2 \cdot \alpha + 90° + 120° = 360°$$
$$3\alpha + 210° = 360° \quad | - 210°$$
$$3\alpha = 150° \quad | : 3$$
$$\alpha = 50°$$

6. Die Variable a ist die Länge einer Grundkante (in cm) und x die Länge einer Seitenkante.

$$4a + 4x = 80$$
$$4 \cdot 8 + 4x = 80$$
$$32 + 4x = 80 \quad | - 32$$
$$4x = 48 \quad | : 4$$
$$x = 12$$

Die Seitenkantenlänge der Pyramide beträgt 12 cm.

7. Für das Alter der drei Kinder werden Terme aufgestellt: Emma x, Hanna 3x und Björn 2x.

a)
$$3x + x + 2x = 36$$
$$6x = 36 \quad | : 6$$
$$x = 6$$
Emma ist somit 6 Jahre alt. Hanna ist $3 \cdot 6$ Jahre = 18 Jahre alt. Björn ist $2 \cdot 6$ Jahre = 12 Jahre alt.

b) Da Hanna bereits 18 Jahre alt ist, muss ihre Mutter 36 – 18 Jahre = 18 Jahre alt gewesen sein, als Hanna zur Welt kam. Björn hat recht.

Deine Stärken und Schwächen – Dein Förderplan   Name: _____

Anforderungen	gut	zum Teil	kaum	nicht	Bemerkungen
1. Ausgehend von einer Wortvorschrift einen Term aufstellen, kannst du ...					
2. a) Eine Gleichung mit einem Umformungsschritt lösen, kannst du ...					
b)-d) eine Gleichung mit mehreren Umformungsschritten lösen, kannst du ...					
3. Zu einem Zahlenrätsel eine Gleichung aufstellen, kannst du ...					
Die aufgestellte Gleichung lösen, kannst du ...					
Die Probe durchführen, kannst du ...					
4. Eine Gleichung lösen, kannst du ...					
Eine Behauptung prüfen, kannst du ...					
5./6. Eine Gleichung zu einer geometrischen Sachaufgabe aufstellen und lösen, kannst du ...					
7. a) Zu einem Altersrätsel eine Gleichung aufstellen und lösen, kannst du ...					
b) Eine Behauptung begründen, kannst du ...					

Liebe/r _____,

_____

_____

_____

_____

_____

Ich habe den Förderplan zur Kenntnis genommen.

_____, den _____   _____

Unterschrift eines Erziehungsberechtigten

☐ Ich möchte gern Rücksprache nehmen und bitte um einen Termin.

Was ich schon alles kann (1)

Name: _____

Kreuze bei den nachfolgenden Aufgaben an, wie sicher du dich fühlst. In der Spalte *Das kannst du üben* findest du Aufgaben zum Wiederholen.

Wie sicher fühlst du dich?	☺☺	☺	:|	☹	Das kannst du üben	geübt
1. Ich kann in einem allgemeinen Viereck den fehlenden Winkel bestimmen, wenn drei Winkel gegeben sind. (1) 90°, 90°, 90°　　(2) 100°, 100°, 25°					S. 206 Information; S. 207 Ü 3 und 4	
3. Ich kann die Gemeinsamkeiten und die Unterschiede von (1) Rechteck und Quadrat, (2) Parallelogramm und Raute, (3) allgemeinem und gleichschenkligem Trapez beschreiben und für jede Figur ein Beispiel zeichnen.					S. 202 Information und Ü 1 und 2; S. 211 Information und Ü 3 und 5; S. 217 und 219 Information; S. 219 Ü 4; S. 231 Ü 2; S. 235 Ü 1a) und 7	
4. Ich kann das Viereck mit den gegebenen Stücken zeichnen. (1) Quadrat mit a = 4,7 cm (2) Rechteck mit a = 6,1 cm und b = 4 cm (3) Parallelogramm mit a = 7 cm, α = 65° und d = 4,5 cm (4) Raute mit b = 6 cm und α = 110° (5) Trapez mit a ‖ c, b = d = 4 cm, δ = 105° und a = 8 cm (6) Drachenviereck mit a = 3 cm, β = 125°, b = 5 cm und $\overline{AC}$ als Symmetrieachse					S. 209 Ü 5; S. 210 Ü 10; S. 211 Ü 4; S. 212 Ü 10; S. 218 Ü 4 und 9; S. 219 Ü 3; S. 222 Ü 10; S. 224 Ü 6; S. 231 Ü 6; S. 235 Ü 8	
5. Ich kann den Flächeninhalt und den Umfang von Vierecken durch Messen geeigneter Stücke bestimmen. (1)　　(3) (2)　　(4)　　(5)					S. 203 Einstieg und Information; S. 214 Information und Ü 2 und 3; S. 215 Ü 7, 8 und 9; S. 220 Information; S. 221 Ü 5 und 6; S. 222 Ü 13; S. 224 Information und Ü 2; S. 235 Ü 1 und 3	

Was ich schon alles kann (2)

Name: _____

Kreuze bei den nachfolgenden Aufgaben an, wie sicher du dich fühlst. In der Spalte *Das kannst du üben* findest du Aufgaben zum Wiederholen.

Wie sicher fühlst du dich?	☺☺	☺	😐	☹	Das kannst du üben	geübt
1. Ich kann die fehlende Seitenlänge und den Umfang eines Rechtecks bestimmen, wenn ich den Flächeninhalt und eine Seite kenne. (1) A = 32 cm², a = 8 cm (2) A = 9,45 cm², b = 2,7 cm					S. 203 Information; S. 203 Ü 1 und 4	
2. Ich kann die fehlende Seitenlänge oder die Höhe eines Parallelogramms bestimmen, wenn ich den Flächeninhalt und die Höhe oder die andere Seitenlänge kenne. (1) A = 28 cm², a = 7 cm (2) A = 16,66 cm², h_a = 3,4 cm					S. 214 Information; S. 214 Ü 4 und 5; S. 215 Ü 11	
3. Ich kann die Formel für den Flächeninhalt eines Drachenvierecks begründen und anwenden. 10 cm 10 cm 30 cm					S. 223 Aufgabe 1; S. 224 Information und Ü 2	
4. Ich kann den Umfang und den Flächeninhalt des abgebildeten Grundstücks bestimmen (Maßstab 1 : 1000). $\overline{AB}\|\overline{ED}$					S. 225 Ü 2; S. 226 Ü 3, 4, 6, 7 und 8; S. 227 Ü 9, 12 und 13; S. 233 Ü 12; S. 235 Ü 6	

Was wir im Team können

Name: _____   Partner/-in: _____

Bearbeite den Bogen zuerst allein (Hausaufgabe), dann zusammen mit deinem Lernpartner oder deiner Lernpartnerin.
Vergleicht eure Rechenwege und entwickelt eine gemeinsame Lösung und Begründung.
Kreuze bei jeder Behauptung an, ob du sie für richtig oder falsch hältst. Begründe.

Behauptung	richtig	falsch	Begründung (Du kannst deine Begründungen auch auf ein extra Blatt schreiben.)
1. Das Dach soll neu gedeckt werden. Der Dachdecker berechnet 5 % Mehrbedarf, da während des Transports und der Arbeit Dachziegel zerbrechen können. Deshalb müssen mindestens für 252 m² Ziegel angeliefert werden.			
2. Eine Rolltreppe hat beidseitig ein parallelogrammförmiges Treppengeländer aus Glas. Die Grundseite der Scheibe ist 5,20 m lang; die Höhe der Scheibe beträgt 80 cm. Sofie errechnet: Die Reinigungskräfte müssen bei diesem Treppengeländer rund 17 m² Glas reinigen.			
3. Der Flächeninhalt eines Parallelogramms beträgt 16,8 cm². Der Umfang ist 24,2 cm und die Grundseite a = 7 cm lang. Dann sind die Seite b = 5,1 cm und die Höhe h_a = 2,4 cm.			
4. Bei einem Gewächshaus wird ein Fensterglas in der Form eines gleichschenkligen Trapezes ausgewechselt. Die Länge a muss 14 dm, die Länge c muss 80 cm und die Höhe der Scheibe muss 1 m betragen. Wenn der Glaser einen Grundpreis von netto 90 € pro m² nimmt, dann kostet die Scheibe einschließlich der 19 % Mehrwertsteuer 135,20 €.			
5. Bei einem Drachenviereck sei die Diagonale e genau doppelt so lang wie die Diagonale f. Dann kann man den Flächeninhalt mit der Formel A = f² berechnen.			

Lösungen zu Seite 45 – Was wir im Team können

	richtig	falsch	Begründung
1.	x		Die beiden Dachflächen sind rechteckig: $A = a \cdot b = 15\,\text{m} \cdot 8\,\text{m} = 120\,\text{m}^2$; zwei Dachflächen haben einen Flächeninhalt von $240\,\text{m}^2$. $5\,\%$ von $240\,\text{m}^2$ sind $12\,\text{m}^2$ (Mehrbedarf). Insgesamt müssen also Ziegel für $240\,\text{m}^2 + 12\,\text{m}^2 = 252\,\text{m}^2$ geliefert werden.
2.	x		$A = a \cdot h_a = 5{,}20\,\text{m} \cdot 0{,}80\,\text{m} = 4{,}16\,\text{m}^2$ Da es bei dieser Rolltreppe beidseitig ein Treppengeländer aus Glas gibt und außerdem die Glasflächen nicht nur innen, sondern auch außen gereinigt werden müssen, ergibt sich eine zu reinigende Gesamtfläche von $4 \cdot 4{,}16\,\text{m}^2 = 16{,}64\,\text{m}^2$. Das sind rund $17\,\text{m}^2$.
3.	x		(1) $16{,}8\,\text{cm}^2 = 7\,\text{cm} \cdot h_a \qquad \lvert : 7\,\text{cm}$ $\ 16{,}8\,\text{cm}^2 : 7\,\text{cm} = h_a$ $\ h_a = 2{,}4\,\text{cm}$ (2) $24{,}2\,\text{cm} = 2 \cdot 7\,\text{cm} + 2b \qquad \lvert - 14\,\text{cm}$ $\ 24{,}2\,\text{cm} - 14\,\text{cm} = 2b$ $\ 10{,}2\,\text{cm} = 2b \qquad \lvert : 2$ $\ 5{,}1\,\text{cm} = b$
4.		x	$A = \dfrac{(a + c) \cdot h_a}{2}$ $A = \dfrac{(1{,}4\,\text{m} + 0{,}8\,\text{m}) \cdot 1\,\text{m}}{2}$ $A = 1{,}1\,\text{m}^2$ $1{,}1\,\text{m}^2 \cdot 90\ \frac{€}{\text{m}^2} = 99\,€$ $19\,\%$ von $99\,€$ sind $18{,}81\,€$. $99\,€ + 18{,}81\,€ = 117{,}81\,€$ kostet die Scheibe einschließlich $19\,\%$ Mehrwertsteuer.
5.	x		Den Flächeninhalt eines Drachenvierecks berechnet man mit der Formel: $A = \dfrac{e \cdot f}{2}$ Ersetzt man „e" durch „$2 \cdot f$" (weil e doppelt so lang ist), erhält man $A = \dfrac{(2 \cdot f) \cdot f}{2} = \dfrac{2 \cdot f^2}{2} = f^2$

Test Name: _____

1. Zeichne die Punkte A (1|1), B (8|4), C (8|8) und D (4|8) in ein Koordinatensystem (Einheit 1 cm).

a) Verbinde die Punkte. Was für ein Viereck entsteht?

b) Miss die Seitenlängen und bestimme den Umfang des Vierecks.

c) Bestimme die Länge der Diagonalen und den Flächeninhalt der Figur.

d) Kreuze an, welche Symmetrieformen zutreffen:

☐ achsensymmetrisch   ☐ punktsymmetrisch   ☐ weder achsen- noch punktsymmetrisch (6)

2. Ein Werbebanner im Fußballstadion hat die Form eines Parallelogramms.
Berechne die Werbefläche.

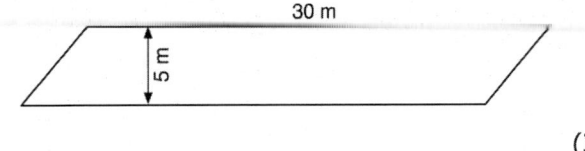

(3)

3. a) Wie heißen die abgebildeten Figuren?

(1)   (2)   (3)

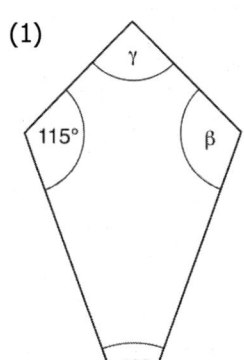
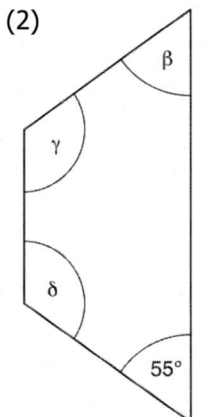
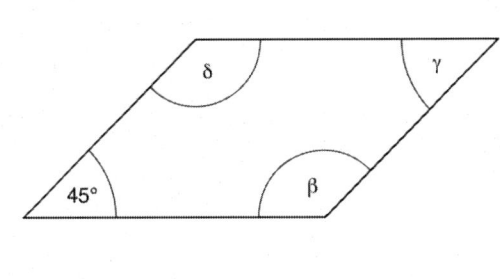

b) Trage die fehlenden Winkelgrößen in die Figuren ein. (7)

4. Die Giebelseite des Hauses am Hang soll gestrichen werden.

a) Wie groß ist die Wandfläche?

b) Ein Eimer Wandfarbe reicht für ca. 15 Quadratmeter.
Wie viele Eimer sollte der Maler mitnehmen?

c) Der Stundenlohn beträgt 48 €. Die Arbeiten dauern 16 Stunden.

d) Die Pauschale für das Gerüst beträgt 220 €. Jeder angebrochene Eimer Wandfarbe kostet 45 €.
Wie hoch ist der Rechnungsbetrag einschließlich der Mehrwertsteuer?

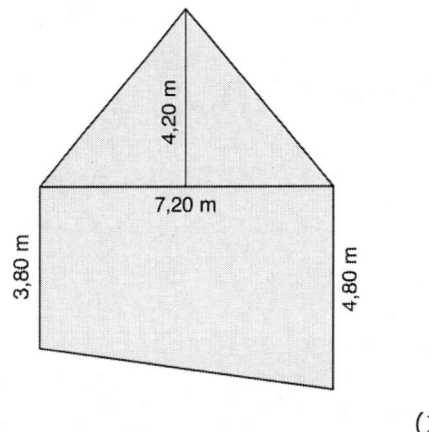

(12)

_____

(28)

© 2016 Schroedel, Braunschweig 978-3-507-81263-5

Vierecke (Schülerband Seite 200 bis 237)

Lösungen zu Seite 47 – Test

1.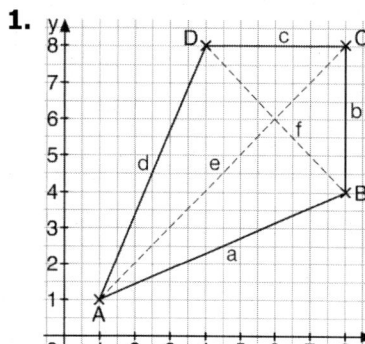

a) Drachenviereck

b) a = d = 7,6 cm bis 7,7 cm; b = c = 4 cm; u = 23,2 cm (23,4 cm)

c) e = 9,9 cm; f = 5,6 cm bis 5,7 cm;

$A = \dfrac{e \cdot f}{2} = 27{,}72 \text{ cm}^2 \ (28{,}22 \text{ cm}^2)$

d) achsensymmetrisch (Symmetrieachse ist die Diagonale e)

2. $A = a \cdot h_a = 30 \text{ m} \cdot 5 \text{ m} = 150 \text{ m}^2$

3. a) (1) Drachenviereck   (2) gleichschenkliges Trapez   (3) Parallelogramm

   b) (1) $\beta = 115°$; $\gamma = 90°$ (2) $\beta = 55°$; $\gamma = \delta = 125°$ (3) $\beta = 135°$; $\gamma = 45°$; $\delta = 135°$

4. a) Die Giebelfläche ist zusammengesetzt aus einem Trapez und einem Dreieck.

Trapez: $A = \dfrac{(a + c) \cdot h_a}{2} = \dfrac{(4{,}8 \text{ m} + 3{,}8 \text{ m}) \cdot 7{,}20 \text{ m}}{2} = 30{,}96 \text{ m}^2$

Dreieck: $A = \dfrac{g \cdot h}{2} = \dfrac{7{,}2 \text{ m} \cdot 4{,}2 \text{ m}}{2} = 15{,}12 \text{ m}^2$

Gesamtfläche: $30{,}96 \text{ m}^2 + 15{,}12 \text{ m}^2 = 46{,}08 \text{ m}^2$

   b) 46,08 : 15 = 3,072;   Der Maler muss 4 Eimer mitnehmen.

   c) Die Kosten für den Arbeitslohn betragen: 16 · 48 € = 768 €

   d) 768 € + 220 € + 4 · 45 € = 1 168 €; 19 % von 1 168 € sind 221,92 € (Mehrwertsteuer).

Die Gesamtkosten betragen insgesamt 1 168 € + 22,92 € = 1 389,92 €.

Deine Stärken und Schwächen – Dein Förderplan   Name: _____

Anforderungen	gut	zum Teil	kaum	nicht	Bemerkungen
1. Punkte in ein Koordinatensystem eintragen, kannst du ...					
a) Ein Drachenviereck erkennen, kannst du ...					
b) Die Seitenlängen messen und den Umfang bestimmen, kannst du ...					
c) Die Länge der Diagonalen messen und den Flächeninhalt berechnen, kannst du ...					
d) Symmetrieformen erkennen, kannst du ...					
2. Den Flächeninhalt eines Parallelogramms berechnen, kannst du ...					
3. a) Besondere Vierecke erkennen, kannst du ...					
b) Die fehlenden Winkelgrößen in einem Viereck bestimmen, kannst du ...					
4. a) Den Flächeninhalt einer zusammengesetzten Fläche (Trapez und Dreieck) berechnen, kannst du ...					
b) Die Anzahl der benötigten Eimer Farbe bestimmen, kannst du ...					
c) Die Lohnkosten berechnen, kannst du ...					
d) Den gesamten Rechnungsbetrag mit Mehrwertsteuer bestimmen, kannst du ...					

Liebe/r _____,

_____

_____

_____

_____

_____

Ich habe den Förderplan zur Kenntnis genommen.

_____, den _____   _____

Unterschrift eines Erziehungsberechtigten

☐ Ich möchte gern Rücksprache nehmen und bitte um einen Termin.

© 2016 Schroedel, Braunschweig 978-3-507-81263-5

Erheben, Auswerten und Darstellen von Daten (Schülerband Seite 238 bis 261)

Name: _____

Was ich schon alles kann (1)

Kreuze bei den nachfolgenden Aufgaben an, wie sicher du dich fühlst. In der Spalte *Das kannst du üben* findest du Aufgaben zum Wiederholen.

Wie sicher fühlst du dich?	☺☺	☺	☺	☹	Das kannst du üben	geübt
1. Es wurden 50 Schülerinnen und Schüler zu ihrer Lieblingsmusik befragt. Ich kann die Häufigkeitstabelle vervollständigen.					S. 240 Information; S. 241 Ü 4; S. 243 Ü 2a); S. 244 Ü 3a) und b); S. 253 Ü 5a)	
2. Bei einer Verkehrskontrolle wurden Fahrzeuge auf Sicherheit überprüft. Die absolute und die relative Häufigkeit der unsicheren Fahrzeuge wurden in der Tabelle erfasst. Ich kann den Umfang der statistischen Erhebung, die absolute und die relative Häufigkeit berechnen.					S. 240 Information; S. 241 Ü 2 und 3	
3. Ich kann absolute und relative Häufigkeiten vergleichen. Lena und Valentin schießen auf eine Torwand. Lena schießt 30-mal und erzielt 9 Treffer, Valentin erzielt 7 Treffer bei 26 Schüssen.					S. 240 Einstieg und Aufgabe 1; S. 241 Ü 5 und 6	

Tabelle zu Aufgabe 1:

Musik	Absolute Häufigkeit	Relative Häufigkeit		
		als Bruch	als Dezimalzahl	in Prozent
Charts	35			
House	5			
Rock	8			
Schläger	2			
Summe				

Tabelle zu Aufgabe 2:

	Fahrrad-kontrolle	Auto-kontrolle	Bus-kontrolle
Umfang der Erhebung	120 Räder	80 Autos	
Absolute Häufigkeit	42 Räder		3 Busse
Relative Häufigkeit		15 %	7,5 %

Name: _____

Was ich schon alles kann (2)

Kreuze bei den nachfolgenden Aufgaben an, wie sicher du dich fühlst. In der Spalte *Das kannst du üben* findest du Aufgaben zum Wiederholen.

Wie sicher fühlst du dich?	☺☺	☺	😐	☹	Das kannst du üben	geübt
1. Bei einer Klassensprecherwahl wurde folgendes Ergebnis erzielt. Name: Annika, Beatrice, Robert, Oliver Anzahl: ЖЖ IIII, ЖЖ IIII, IIII, ЖЖ Ich kann das Ergebnis der Wahl in einem Säulendiagramm, in einem Streifendiagramm und in einem Kreisdiagramm veranschaulichen.					S. 242 Aufgabe 1; S. 243 Ü 2; S. 244 Ü 4; S. 245 Ü 8; S. 258 Ü 1c) und 2; S. 261 Ü 1	
2. Ich kann das Maximum, das Minimum und die Spannweite von Daten bestimmen. 30 kg; 35 kg; 28 kg; 31 kg; 33 kg					S. 252 Information und Ü 4; S. 258 Ü 1b); S. 261 Ü 2b)	
3. Ich kann das arithmetische Mittel berechnen und deuten. Jana trainiert täglich, weil sie beim Halbmarathon mitlaufen will. Mo: 9 km, Di: 11 km, Mi: 7 km, Do: 18 km, Fr: 6 km, Sa: 21 km					S. 251 Information; S. 252 Ü 2; S. 253 Ü 6a); S. 258 Ü 1c); S. 261 Ü 3a) und 4	
4. Ich kann das arithmetische Mittel mithilfe von absoluten Häufigkeiten berechnen. In der Tabelle steht das Ergebnis einer Vergleichsarbeit. Note: 1, 2, 3, 4, 5, 6 Anzahl: 5, 19, 22, 16, 7, 1					S. 252 Information und Ü 3; S. 253 Ü 5c) und 8; S. 261 Ü 2a) und 3c)	
5. Ich kann erklären, was man unter dem Median und dem Modalwert einer Datenmenge versteht. Im Internet werden verschiedene MP3-Player angeboten: 19,90 €; 19,90 €; 39,90 €; 49,95 €; 59,99 €; 79,90 €; 113,00 €					S. 255 Information und Ü 2; S. 256 Ü 5, 6 und 7; S. 258 Ü 3; S. 261 Ü 2b) und 3	
6. Ich kann erklären, wie man den Median einer geraden Anzahl von Daten bestimmt. Emmas Sprungweiten im Training: 3,45 m; 4,02 m; 3,21 m; 3,56 m					S. 255 Information; S. 258 Ü 3; S. 261 Ü 3c) und 4a)	
7. Ich kann eine Umfrage zu einem Thema durchführen und auswerten.					S. 248	

Name: _____   Partner/-in: _____

Was wir im Team können

Bearbeite den Bogen zuerst allein (Hausaufgabe), dann zusammen mit deinem Lernpartner oder deiner Lernpartnerin.
Vergleicht eure Rechenwege und entwickelt eine gemeinsame Lösung und Begründung.
Kreuze bei jeder Behauptung an, ob du sie für richtig oder falsch hältst. Begründe.

Behauptung	richtig	falsch	Begründung (Du kannst deine Begründungen auch auf ein extra Blatt schreiben.)
1. Bei einer Befragung in der Fußgängerzone stimmten 197 von 220 Bürgern für eine Verkehrsberuhigung rund um den Hauptbahnhof. Die Umfrage beim ADAC (Allgemeiner Deutscher Automobil-Club) ergab 245 Zustimmungen bei 310 Befragten. Autofahrer befürworten die Verkehrsberuhigung also mehr als Fußgänger.			
2. Mindestens eines der beiden Diagramme ist fehlerhaft.			
3. Die Tabelle zeigt die Anzahl der Mittagessen, die in der vergangenen Woche in der Schulkantine verkauft wurden. 		Mo	Di	Mi	Do	Fr
---	---	---	---	---
57	88	120	123	37 | Das arithmetische Mittel beträgt 86, die Spannweite 85, der Median 88.			
4. Bei den Bundesjugendspielen sind die Mädchen aus der Klasse 7c folgende Weiten gesprungen: 3,22 m; 3,08 m; 2,88 m; 3,01 m; 2,34 m; 3,56 m; 3,89 m; 3,05 m; 3,63 m; 3,12 m; 3,92 m; 2,82 m. Julia ist 3,22 m gesprungen und behauptet, dass sie besser als der Durchschnitt sei und dass dies nur 5 Mädchen von sich behaupten könnten.			
5. Der Median der Sprungweiten aus Aufgabe 4 kann nicht ermittelt werden, da die Anzahl der Sprungweiten gerade ist.			

Lösungen zu Seite 52 – Was wir im Team können

	richtig	falsch	Begründung
1.		x	Die Aussage stimmt nicht, da nur die absoluten Häufigkeiten verglichen wurden. Berechnest du die relativen Häufigkeiten, so stellst du fest: $\frac{197}{220} \approx 89{,}5\,\%$; $\frac{245}{310} \approx 79\,\%$ Außerdem muss man vorsichtig mit einer Verallgemeinerung sein, da z. B. auch unter den Fußgängern Autofahrer sein können.
2.	x		Die Angaben zu *PC/Fernsehen* mit 40 % sind sowohl im Kreisdiagramm als auch im Säulendiagramm zu finden. Entsprechendes gilt für *Sport* mit 28 % und *Freunde treffen* mit 12 %. Falsch sind in mindestens einem der Diagramme die Angaben zu *Musik hören* (5 % oder 10 %?) und *Lesen* (15 % oder 10 %?).
3.		x	Die Werte wurden teilweise vertauscht. Der Median ist 88 (in der Mitte der nach Größe geordneten Zahlen steht 88). Das arithmetische Mittel ist allerdings 85 (57 + 88 + 120 + 123 + 37 = 425; 425 : 5 = 85). Dies ist die Anzahl von Essen, die im Durchschnitt pro Tag in der Kantine verkauft wurden. Die Spannweite beträgt 86, denn 123 − 37 = 86 (größter Wert minus kleinster Wert).
4.	x		3,22 m + 3,08 m + 2,88 m + 3,01 m + 2,34 m + 3,56 m + 3,89 m + 3,05 m + 3,63 m + 3,12 m + 3,92 m + 2,82 m = 38,52 m 38,52 m : 12 = 3,21 m (arithmetisches Mittel) Julia liegt mit ihren 3,22 m tatsächlich über dem Durchschnitt. Außerdem sind tatsächlich nur 5 Mädchen (mit ihr) mehr als 3,21 m weit gesprungen.
5.		x	Bei einer geraden Anzahl von Werten ist der Median bzw. der Zentralwert das arithmetische Mittel der beiden Zahlen, die in der geordneten Liste in der Mitte stehen. 2,34 2,82 2,88 3,01 3,05 3,08 3,12 3,22 3,56 3,63 3,89 3,92 ↑ Mitte der geordneten Werte Median: (3,08 m + 3,12 m) : 2 = 3,10 m

Test Name: _____

1. Die 20 Schülerinnen und Schüler der Klasse 7c stimmten über das Ausflugziel für den Wandertag ab.

	Strichliste	absolute Häufigkeit	relative Häufigkeit		
			als Bruch	als Dezimalzahl	in Prozent
Eissporthalle	ЖⅠ ЖⅠ				
Schwimmbad	IIII				
Kino	ЖⅠ I				

a) Ergänze die Tabelle.

b) Veranschauliche die absoluten Häufigkeiten durch ein Säulendiagramm.

c) Veranschauliche die relativen Häufigkeiten durch ein Kreisdiagramm.   (16)

2. Bei einem Weitsprung-Wettbewerb treten die drei besten Jungen der 7a gegen die drei besten der 7b an. Den Preis „Bester Weitspringer" erhält die Klasse, die durchschnittlich am weitesten springt.

Welche Klasse hat gewonnen?

7a	Sprungweite
Tobias	3,73 m
Michael	3,59 m
Max	4,08 m

7b	Sprungweite
Daniel	3,92 m
Anton	3,79 m
Sevdail	3,87 m

(3)

3. Eine kleine Online-Umfrage unter Kunden eines Internet-Reiseanbieters zu der Frage *„Wie viel geben Sie für Ihren Sommerurlaub (pro Person) in diesem Jahr aus?"* ergab folgende Ergebnisse:

1200 €; 800 €; 350 €; 400 €; 900 €; 500 €; 700 €; 800 €; 250 €; 300 €; 500 €; 400 €; 800 €; 550 €

Gib das Minimum, das Maximum, die Spannweite, das arithmetische Mittel, den Median und den Modalwert an.   (6)

4. Bastian fragt bei seinen Freunden nach, wie viel Taschengeld sie pro Monat bekommen. Er erhält folgende Beträge als Antwort: 22 €; 50 €; 22 €; 16 €; 25 €; 20 €; 60 €.

Nach kurzer Überlegung geht er mit den Antworten seiner Freunde zu seinen Eltern und sagt: „Die anderen bekommen im Durchschnitt über 30 Euro Taschengeld. Ich möchte fairerweise auch gerne 30 Euro bekommen!" Seine Eltern erwidern: „Wenn du dir die Beträge deiner Freunde mal genauer ansiehst, wirst du feststellen, dass du mit deinen 24 Euro schon sehr zufrieden sein kannst."

Was meinen sie damit?   (5)

5. Ist die folgende Aussage wahr oder falsch? Begründe.

Die Spannweite einer Datenreihe kann nie Null sein.

(3)

_____

(33)

Lösungen zu Seite 54 – Test

1. a)

	Strichliste	absolute Häufigkeit	relative Häufigkeit		
			als Bruch	als Dezimalzahl	in Prozent
Eissporthalle	卌 卌	10	$\frac{10}{20} = \frac{1}{2}$	0,5	50 %
Schwimmbad	IIII	4	$\frac{4}{20} = \frac{1}{5}$	0,2	20 %
Kino	卌 I	6	$\frac{6}{20} = \frac{3}{10}$	0,3	30 %

b)

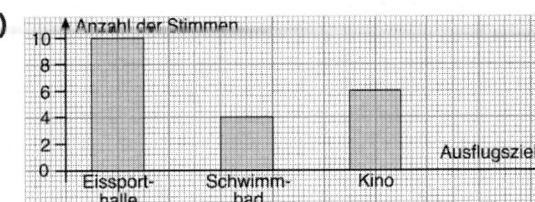

c) Eissporthalle: 50 · 3,6° = 180°   (1 % ≙ 3,6°)

Schwimmbad: 20 · 3,6° = 72°

Kino: 30 · 3,6° = 108°

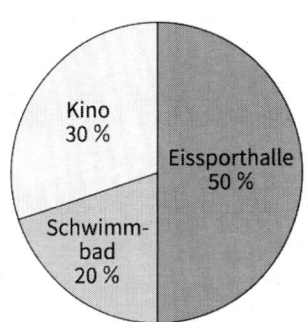

2. Klasse 7a:

3,73 m + 3,59 m + 4,08 m = 11,40 m
11,40 m : 3 = 3,80 m

Klasse 7b:

3,92 m + 3,79 m + 3,87 m = 11,58 m
11,58 m : 3 = 3,86 m

Die Klasse 7b ist durchschnittlich 6 cm weiter gesprungen als die Klasse 7a und gewann den Wettbewerb.

3. Minimum: 250 €; Maximum: 1 200 €; Spannweite: 1 200 € − 250 € = 950 €;
arithmetisches Mittel: 8 450 € : 14 ≈ 603,57 €; Median: (500 € + 550 €) : 2 = 525 €; Modalwert: 800 €

4. Das arithmetische Mittel der Datenreihe ist 30,71 €; der Median hingegen liegt bei 22 €.
Bastian argumentiert also mit dem arithmetischen Mittel, seine Eltern mit dem Median. Aufgrund der zwei
Ausreißerwerte nach oben (50 € und 60 €) ist der robustere Wert, also der Median, hier aber durchaus
angemessen, um eine Verfälschung des Durchschnittswertes nach oben zu vermeiden. Da Bastian mit
seinen 24 € sogar 2 € über dem Median liegt, sind die Eltern der Meinung, dass er zufrieden sein könne.

5. Die Aussage ist falsch. Besteht eine Datenreihe ausschließlich aus identischen Zahlenwerten, ist das Maximum genauso groß wie das Minimum. Da die Spannweite die Differenz aus Maximum und Minimum ist,
hat sie den Wert Null.

Erheben, Auswerten und Darstellen von Daten (Schülerband Seite 238 bis 261)

Deine Stärken und Schwächen – Dein Förderplan   Name: _____

Anforderungen	gut	zum Teil	kaum	nicht	Bemerkungen
1. a) Aus einer Strichliste absolute Häufigkeiten entnehmen, kannst du …					
Relative Häufigkeiten als Bruch angeben, kannst du …					
Relative Häufigkeiten als Dezimalzahl angeben, kannst du …					
Relative Häufigkeiten in Prozent angeben, kannst du …					
b) Absolute Häufigkeiten in einem Säulendiagramm darstellen, kannst du …					
c) Relative Häufigkeiten in einem Kreisdiagramm darstellen, kannst du …					
2. Das arithmetische Mittel bestimmen, kannst du …					
3. Das Minimum einer Datenreihe bestimmen, kannst du …					
Das Maximum einer Datenreihe bestimmen, kannst du …					
Die Spannweite einer Datenreihe bestimmen, kannst du …					
Das arithmetische Mittel einer Datenreihe bestimmen, kannst du …					
Den Median einer Datenreihe bestimmen, kannst du …					
Den Modalwert einer Datenreihe bestimmen, kannst du …					
4. Den Unterschied zwischen arithmetischem Mittel und Median begründet erklären, kannst du …					
5. Eine Behauptung zu Kenngrößen statistischer Erhebungen überprüfen, kannst du …					

Liebe/r _____,

_____

_____

_____

Ich habe den Förderplan zur Kenntnis genommen.

_____, den _____   _____

                                             Unterschrift eines Erziehungsberechtigten

☐ Ich möchte gern Rücksprache nehmen und bitte um einen Termin.